表面性状用 ローパスフィルタの数理

Mathematical Principles of Low-pass filter for surface texture

近藤 雄基　沼田 宗敏　吉田 一朗

東京図書出版

ま え が き

近年のグローバル化の流れの中で，日本の国家規格である JIS（日本工業規格）と国際規格 ISO との整合性が図られてきている。機械計測，特に表面性状（表面粗さ）の分野では，JIS は ISO に準拠した段階を経て，今ではほぼ翻訳版となりつつある。このため時には弊害が発生する。2001 年に規格化された JIS B 0632「製品の幾何特性仕様（GPS）—表面性状：輪郭曲線方式—位相補償フィルタの特性」は ISO 11562 の翻訳版であった。ISO 11562 が 2011 年に ISO 16610-21「製品の幾何特性仕様（GPS）—フィルタ演算：線形フィルタ—ガウシアンフィルタ」へ置き換えられたことに伴い，JIS B 0632 も廃止され JIS B 0634 に置き換えられた。

一方で，ISO 16610 は製品の幾何特性仕様（GPS）でガウシアンフィルタやスプラインフィルタ，回帰型ガウシアンフィルタなど多くの規格のシリーズをサポートする。これらの表面性状用フィルタは表面性状測定器にソフトウェアとして搭載されている場合がほとんどで，その計算方法やフィルタ理論の詳細は知られていない場合がほとんどである。

そこで本著では，ISO 16610 シリーズで規格化されているローパスフィルタを中心に，ISO にならなかった L_1 ノルム型ロバストスプラインフィルタなども含め周辺のローパスフィルタの理論や計算方法について「I 基本編」で解説する。また，ロバスト型ローパスフィルタは外れ値に対してはロバストにふるまうが，外れ値のない断面曲線に対しては出力が従来のローパスフィルタの出力と異なる場合が多い。このような場合，外れ値がほとんどない計測データに対して出力特性の異質なロバストフィルタを使うことを躊躇する現場の声がある。このような問題に対し，外れ値のないデータに対しては従来のフィルタと同じ出力を与えるフィルタが注目されている。このような著者らによる研究成果を「II 応用編」で取り扱う。

本著は著者らの大学院生を対象とするゼミ「表面性状用フィルタ」のテキストを再編集したものである。整備にあたっては，卒業生 椿浩也君，大学院生 2 年外山正道君，鷲見昇太郎君の協力を得た。感謝する。

2022 年 12 月

著者一同

1

目　次

I　基本編

1. ローパスフィルタ

1.1 表面粗さとは

　表面粗さとは，製品や物体の表面上の微細な幾何学的凹凸のことである[1]。JIS/ISO 規格では，表面の凹凸，筋目，きず等をすべて含んだ表面の幾何学的な状態を総称して "表面性状 (surface texture)" と呼んでいる．製品や物体の表面性状は，力学的特性や物理特性，外観などに関係するため非常に重要である．そして，表面粗さ・表面性状の計測・評価を平易に表現すれば，「表面のでこぼこ，ざらざら，つるつる，ぴかぴかの度合いを定量的に計測・評価すること」と表現できる．工業的見地からいえば，表面性状は製品の幾何学的仕様に大きく関係するため，その定量的な計測・評価・品質管理が必要である．

　表面性状は，トライボロジー特性，光学特性，外観，品位や動的機能などの製品の機能と密接に関係している．

　これは，表面性状が別の相との境界に存在する微細な凹凸であり，別の相との相互関係に直接影響を与えるためである．この表面性状の関係性や機能・作用は，例えば図 1.1 のように分類されている[2]．

　図 1.1 ではまず，表面性状の関係性を接触のない単独部品の表面であるか，複数の部品が接触する表面であるかで大きく分けている．単独表面での機能は，化学作用と波動に分けられる．化学作用は，反応性や耐食性などの化学的特性に関係すると考察されている．波動は，振動や電磁波などを含む物理的作用であり，超音波，エレクトロマイグレーション，外観（光沢，見た目や質感など），手触り，光学特性などに関係すると考察されている．また，単独表面の機能として他には，流体摩擦，疲れ破壊強度，接着性，ぬれ性，剥離性なども考えられる．一方，2 つの表面が接触する状態における表面性状の機能では，動的状態での特性と静的状態での特性とに分類されている．動的状態の機能では潤滑，摩擦，摩耗に関係すると考察されており，トライボロジーと深い関わりのある摩擦特性，摩耗特性，潤滑特性，転がり特性や作動音，振動などにも関係すると考えられる．静的状態の機能としては接触，剛性，伝導性，クリアランスに関係すると考察されており，接触面剛性，気密性，密着性などにも関係すると考察される．

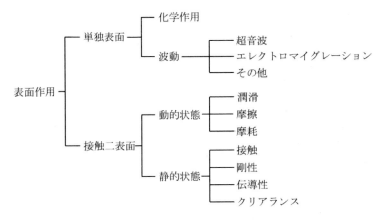

図 1.1　表面性状の物体的機能

1.2　表面粗さの評価方法

　表面粗さの計測・評価の産業上の共通の取り決めとしての方法は，JIS/ISO 規格などさまざまな規格で定められている。他のさまざまな計測と同様に，表面粗さの計測・評価も統計的に十分な量かつ，経済的，時間的コストの面で合理的な方法で実施されることが必要である[1]。現行の JIS 規格の方法は，統計的に合理性があるかどうかの検証をした研究が複数あり[3][4]，計測・評価方法の 1 つの指針として参考となる。

　JIS/ISO 規格において，表面粗さの評価は，断面曲線（primary profile），粗さ曲線（roughness profile），うねり曲線（waviness profile）の三種類の曲線に分けて行われる。これらを波長帯域によって示すと図 1.2 のようになり，形状誤差，うねり，粗さおよび量子化誤差やノイズなどの成分に抽出することができる。図 1.3 は，計測からパラメータ算出までのデータ処理の大まかな流れを示している。断面曲線は，測定断面曲線から形状誤差および粗さ成分より短い波長成分，すなわち高周波成分を，カットオフ値 λs のローパス特性をもつ輪郭曲線フィルタによって減衰させることで得られる。粗さ曲線は，断面曲線から粗さ成分よりも長い波長成分，すなわち低周波成分を，カットオフ値 λc のハイパス特性をもつ輪郭曲線フィルタによって減衰させることで得られる。うねり曲線は，カットオフ値 λc のローパス特性および

7

カットオフ値λfのハイパス特性の 2 つの輪郭曲線フィルタによって帯域通過させることで得られる。

　以上のフィルタ処理により得られた三種類の曲線から，それぞれの表面性状パラメータを計算する。三種類の曲線の表面性状パラメータの記号は英語の頭文字をとってそれぞれP, R, W から始まる記号となっている。これは，どの曲線のパラメータであるかを認識しやすくするためであり，P は断面曲線からの，R は粗さ曲線からの，W はうねり曲線からの表面性状パラメータであることを表している。そして，これらの次の記号がパラメータの幾何学的，統計的な意味を表している。例えば，Ra の a は arithmetical を表しており，計算では輪郭曲線の高さ方向の絶対値平均を求める。また，RSm の Sm は輪郭曲線要素の平均長さを表しており，計算では表面凹凸の平均波長を求める。

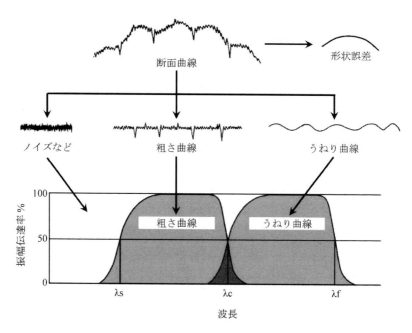

図1.2　**断面曲線，粗さ曲線，うねり曲線の関係**

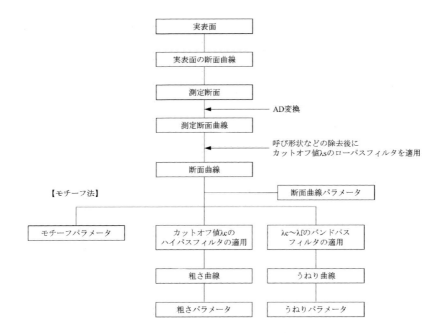

図 1.3　ISO/JIS 規格における実表面からパラメータ導出までの流れ

1.3　アナログフィルタ

　断面曲線から長波長成分を抽出するフィルタがローパスフィルタ，短波長成分を抽出するフィルタがハイパスフィルタである。カットオフ値 λc で長波長成分と短波長成分を分けるので，振幅 a_0 で波長 λc の正弦波にハイパスフィルタを適用すると，振幅 a_1 が a_0 の 50%になるのが理想である。

　ただそのようなフィルタが ISO 規格となったのは，1996 年に ISO 11562 が制定されてからになる[5]。それまではアナログ回路の 2RC※フィルタやバターワースフィルタが使われていた（図 1.4）。波長 λc の正弦波に適用すると，出力の振幅はそれぞれ 75%と 50%となる。バターワースフィルタの振幅伝達特性は比較的デジタルフィルタに近い。※2RC フィルタの振幅伝達率と重み関数は例題 3.3 を参照。

　一方，アナログ電子回路のため入力と出力との間に時間的遅延が生じる。これを位相遅れという。図 1.5 に，波長 λc，振幅 a_0 の正弦波にカットオフ値 λc の 2RC フ

9

ィルタを適用した結果を示す。振幅の差は $\Delta a = 0.25\,a_0$ であり，λc における振幅伝達率は 75% になる。一方，波形の遅れは $\Delta\lambda = \lambda c/6$ で，角度に直すと $\varphi = (\Delta\lambda \times 2\pi)/\lambda c = \pi/3$ の位相遅れとなる。

　図1.6 に 2 つのアナログフィルタの位相遅れ φ を示す。両フィルタとも波長が長くなるにつれて位相遅れは大きくなる。また，2RC フィルタに比べてバターワースフィルタの位相遅れは大きい。波長によって位相遅れが異なるため，フィルタ出力がひずむ大きな要因となっている。

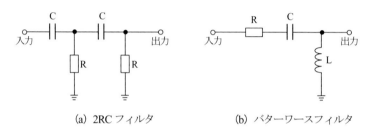

(a) 2RC フィルタ　　　　　　(b) バターワースフィルタ

図1.4　アナログフィルタ

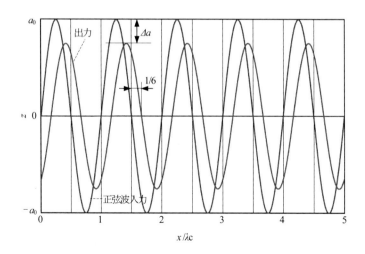

図1.5　2RC フィルタの適用例 （$\lambda = \lambda c$）

10

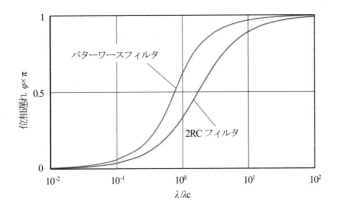

図 1.6　アナログフィルタの位相遅れ

1.4　ガウシアンフィルタ

　アナログフィルタでは電子回路による遅延が発生し位相遅れが生じたが，デジタル計測機の普及により位相遅れのないデジタルフィルタが使われるようになった。これが 1996 年に ISO で制定された位相補償フィルタ（ISO 11562 [5] / JIS B 0632[6]）で，フィルタの重み関数に正規分布（ガウス分布）を用いる（図 1.7）。この規格はその後，ガウシアンフィルタ（Gaussian filter：GF，ISO 16610-21[7] / JIS B 0634[8]）に置き換えられ，GF が標準フィルタとして確立した。

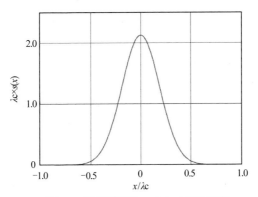

図 1.7　位相補償フィルタの重み関数

1.5 振幅伝達特性

振幅 a_0 で波長が λ の正弦波にローパスフィルタを適用して振幅が a_1 になったとき，a_1/a_0 をローパスフィルタの波長 λ における振幅伝達率(transmission ratio)という。すべての波長における振幅伝達率を求めると，振幅伝達特性(transmission characteristic)が得られる。振幅伝達特性はローパスフィルタの重み関数 $s(x)$ のフーリエ変換 $S(u)$ から求めることができる。ここに x は長さを表す変数，u は（空間）周波数で $u = 1/x$，j は虚数単位である。

$$S(u) = \int_{-\infty}^{+\infty} s(x) \exp(-j2\pi ux)dx \tag{1.1}$$

$$\frac{a_1}{a_0} = S(x^{-1}) \tag{1.2}$$

$\lambda c = 0.8\,$mm のとき，カットオフ値がそれぞれ 0.25 mm，0.8 mm，2.5 mm の GF の振幅伝達特性を図 1.8 に示す。点 A はカットオフ波長が 0.8 mm の GF における $\lambda = 0.8\,$mm の振幅伝達率で 50 % となる。同様に，点 B はカットオフ波長が 2.5 mm の GF における $\lambda = 2.5\,$mm の振幅伝達率で $\lambda/\lambda c = 2.5/0.8 = 3.125$ となる。点 C はカットオフ波長が 0.8 mm の GF における $\lambda = 2.5\,$mm の振幅伝達率で 93.15 % である。また，点 D はカットオフ波長が 0.25 mm の GF における $\lambda = 0.25\,$mm の振幅伝達率で 50 % となる。点 E はカットオフ波長が 0.8 mm の GF における $\lambda = 0.25\,$mm の振幅伝達率で 0.0827 % となり，ほぼ 0 である。図 1.8 のように，カットオフ波長が 0.25 mm，0.8 mm，2.5 mm の GF の振幅伝達特性を表す曲線は相似形になる。

波長 2.5 mm で振幅 10 μm の正弦波，波長 0.8 mm で振幅 3.3 μm の正弦波，波長 0.25 mm で振幅 1 μm の正弦波を重ね合わせて断面曲線とし，これに $\lambda c = 0.8\,$mm の GF を適用して得られる平均線を図 1.9(a) に示す。この平均線は断面曲線を構成する 3 つの正弦曲線を各々断面曲線としたとき，これらにそれぞれ $\lambda c = 0.8\,$mm の GF を適用して得られる平均線の総和に等しい。波長 2.5 mm の正弦波に $\lambda c = 0.8\,$mm の GF を適用して得られる平均線を図 1.9(b)に示す。図 1.8 で明らかにしたように，平均線の振幅は断面曲線の 93.15 % になる。同様，波長 0.8 mm の正弦波に $\lambda c = 0.8\,$mm の GF を適用して得られる平均線を図 1.9(c) に示す。平均線の振幅は断面曲線の 50 % になる。また，波長 0.25 mm の正弦波に $\lambda c = 0.8\,$mm の GF を適用して得られる平均線を図 1.9(d) に示す。平均線の振幅は断面曲線の 0.0827 % でほぼ 0 になる。このように，GF は短波長成分よりも長波長を多く抽出するローパスフィルタである。

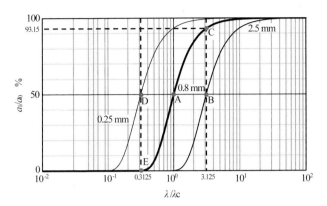

図1.8　ガウシアンフィルタの振幅伝達特性　(λc = 0.8 mm)

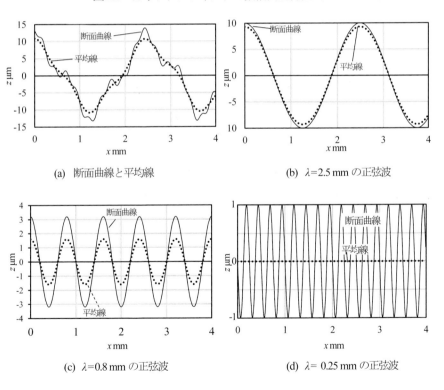

(a)　断面曲線と平均線

(b)　λ=2.5 mm の正弦波

(c)　λ=0.8 mm の正弦波

(d)　λ= 0.25 mm の正弦波

図1.9　ガウシアンフィルタの出力例　(λc = 0.8 mm)

13

【例題 1.1】　カットオフ波長 λc のガウシアンフィルタの重み関数 $s(x)$ が次式になることを確かめよ。また，$\lambda c = 0.8\,\mathrm{mm}$ のとき重み関数の標準偏差 σ を求めよ。

$$s(x) = \frac{1}{\alpha \lambda c} \exp\left(-\frac{\pi x^2}{\alpha^2 \lambda c^2}\right) \tag{1.3}$$

なお x は重み関数の中央からの位置を表す変数で，定数 α は次式で与えられるものとする。

$$\alpha = \sqrt{\frac{\ln 2}{\pi}} \approx 0.4697 \tag{1.4}$$

（解）　ガウシアンフィルタの重み関数は正規分布であるため，その確率密度関数は次式で定義される。ただし期待値を 0，標準偏差を σ とする。

$$s(x) = \frac{1}{\sqrt{2\pi}\sigma} \exp\left(-\frac{x^2}{2\sigma^2}\right) \tag{1.5}$$

このとき，$s(x)$ のフーリエ変換 $S(u)$ は次式となる。

$$S(u) = \frac{1}{\sqrt{2\pi}\sigma} \int_{-\infty}^{+\infty} e^{-\frac{x^2}{2\sigma^2} - jux}\, dx = \exp(-2\pi^2\sigma^2 u^2) \tag{1.6}$$

フーリエ変換 $S(u)$ は重み関数 $s(x)$ の振幅伝達関数である。よってカットオフ空間周波数 $u_c = 1/\lambda c$ のとき，振幅伝達率 $S(u)$ は 50 % でなければならない。これより，

$$S(u_c) = \exp(-2\pi^2\sigma^2 u_c^2) = 0.5 \tag{1.7}$$

となるので，標準偏差 σ は定数 α を用いて次式のようになる。

$$\sigma^2 = \frac{\ln 2}{2\pi^2 u_c^2} = \frac{\alpha^2}{2\pi} \lambda c^2 \tag{1.8}$$

この σ を式(1.5)の確率密度関数 $s(x)$ に代入すると，式(1.3)が得られる。式(1.3)は JIS B 0634: 2017 (ISO 16610-21: 2011) の式(1) と同一である[8]。また，$\lambda c = 0.8\,\mathrm{mm}$ のとき，式(1.8)より $\sigma \approx 0.1874\lambda c \approx 0.15\,\mathrm{mm}$ となる。

1.6 ローパスフィルタの4条件

ローパスフィルタが備えるべき4つの条件について考える。

1.6.1 位相補償特性

粗さ曲線抽出用のフィルタは元来，アナログの電気回路で構成されていた。このため，入力の断面曲線に対して出力の平均線は位相遅れが生じた。デジタルフィルタではこの問題を解消するため，位相遅れのないフィルタ（位相補償フィルタ）であることが求められる。これが位相補償特性である。

ただし，アナログフィルタで問題となった位相補償特性は，デジタルフィルタでも発生し得る。

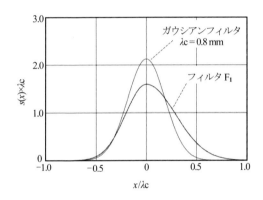

図 1.10　位相補償特性に問題のあるフィルタ F_1 の重み関数

図 1.10 に示すフィルタ F_1 をカットオフ波長 $\lambda c = 0.8\,\text{mm}$ の GF と比較すると，GF が左右対称であるのに対し，フィルタ F_1 は左右対称ではない。左側のスロープに比べて，右側のスロープは緩やかである。これら 2 つのローパスフィルタを断面曲線に適用して得られた平均線を図 1.11 に示す。フィルタ F_1 で得られた平均線は，GF で求めた平均線と比べ，右へ 0.03 mm 程度ずれている。これは位相が約 13.5°（=2π ×0.03/0.8 rad）遅れているということである。この位相遅れはフィルタ F_1 の空間特性からだけでは簡単に求めることができない。フィルタ F_1 の中央値，面積中心，重心の偏差はそれぞれおよそ 0 mm, 0.04 mm, 0.05 mm であるが，いずれも約 0.03 mm

15

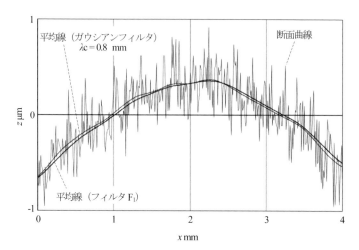

図 1.11　位相補償特性を満たさないフィルタ F_1 による平均線

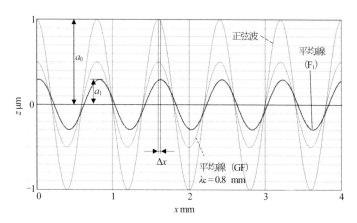

図 1.12　フィルタ F_1 による位相遅れ（$\lambda = 0.8$ mm）

のずれの根拠とはならないからである。周波数特性を用いた位相遅れの計算については 3.3 節で後述する。

　図 1.12 は波長が $\lambda = 0.8$ mm，振幅が 1 μm の正弦波に $\lambda c = 0.8$ mm の GF とフィルタ F_1 を適用した結果である。このグラフから以下のことがわかる。

・位相遅れ：GF を適用した場合の位相遅れはないが，フィルタ F_1 を適用した場合

16

の位相遅れは Δx ＝約 0.03 mm で，これは図 1.11 の位相遅れに等しい。

・振幅伝達率：カットオフ波長 λc ＝0.8 mm の GF では振幅伝達率は 0.5（50 ％）であるが，フィルタ F_1 では a_1/a_0 ＝0.293 である。

位相遅れのないローパスフィルタは左右対称の重み関数，すなわち偶関数を用いることで実現できる。フィルタ F_1 に位相遅れが発生するのは，偶関数でない重み関数を用いているためである。

1.6.2 正規化

ローパスフィルタの重み関数の総和は 1 でなければならない。しかし，実際にフィルタリングを行う際にはフィルタ幅が有限でなくてはならないため，フィルタの重みの総和が 1 になるよう正規化を行う必要がある。この正規化を行うことにより，フィルタ適用前の入力である断面曲線の総和と適用後の出力である平均線の総和が等しくなる。

正規化が正しく行われないと，断面曲線と平均線が乖離してしまう。図 1.13 はカットオフ波長 λc ＝0.8 mm の正規化済みの GF と，重みの総和を 1.5 倍にしたフィルタ F_2 の重み関数である。フィルタ F_2 で求められる平均線は GF より求められる平均線と比べ上方にずれる(図 1.14)。このずれは，フィルタの重みが 1 より大きいほど大きくなる。逆に，フィルタの重みの総和が 1 より小さいほど平均線は下方にずれる。これよりフィルタの重みの総和が 1 でないと振幅伝達率は正しく計算されな

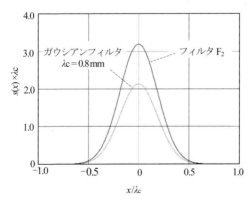

図 1.13　正規化に問題のあるフィルタ F_2 の重み関数

17

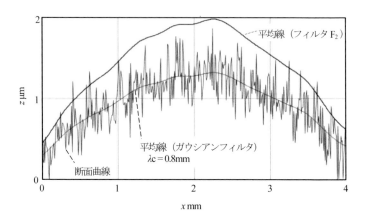

図 1.14　正規化に問題のある場合の平均曲線

いことがわかる。つまり，フィルタの重みの総和が正規化されていないと，フィル
タの振幅伝達特性およびカットオフ波長は意味をなさない。

1.6.3　カットオフ波長で振幅伝達率 50 ％

　ローパスフィルタのカットオフ値 λc を基準に，断面曲線を長波長成分である
平均線と短波長成分である粗さ曲線に分離する。カットオフ波長 λc の正弦波に
対する伝達率は 50 ％であることが要請される。

　図 1.15 にカットオフ波長 λc が 0.8 mm の GF の重み関数と，これより広がりの小
さなフィルタ F_3 の重み関数（重みの総和が 1 ）を示す。図 1.16 では振幅 1 μm，$\lambda =$
0.8 mm の正弦波に対する 2 つのフィルタの出力を調べた。カットオフ波長 λc が 0.8
mm の GF では出力の振幅が 0.5 μm となり，伝達率はちょうど 50 ％となる．これに
対し，フィルタ F_3 の出力の振幅は 0.6771 μm，すなわち伝達率は 67.71 ％になった．
伝達率が 50 ％よりも大きいため，フィルタ F_3 にとって波長 0.8 mm は長波長として
分離されたことになる。従ってフィルタ F_3 のカットオフ波長は 0.8 mm よりも短い
ことがわかる。

　図 1.17 に 2 つのフィルタの出力である平均線を示す。フィルタ F_3 による平均線

18

は，$\lambda c = 0.8\,mm$ の GF を用いた場合に比べて短波長成分が残っている。フィルタ F_3 のカットオフ波長が $0.8\,mm$ よりも短いためである。

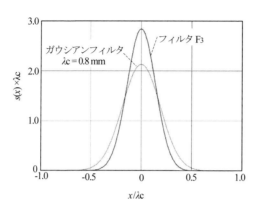

図 1.15　カットオフ波長の異なるフィルタ

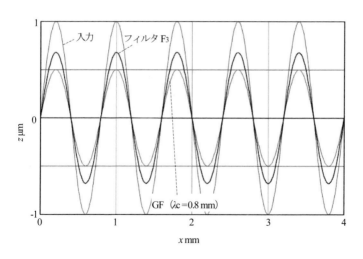

図 1.16　$\lambda = 0.8\,mm$ の正弦波に対するフィルタ出力

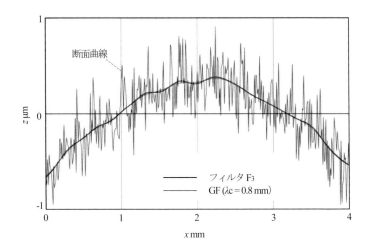

図1.17 カットオフ波長の異なるフィルタによる平均線

【例題1.2】 上述のフィルタの3条件を満足するカットオフ波長 λc の矩形フィルタの重み関数の幅 a を定めよ。

（解） フィルタの条件1より重み関数は偶関数，条件2より高さは $1/a$ となる。よって重み関数 $s(x)$ は次式となる。

$$s(x) = \begin{cases} \dfrac{1}{a} & \left(|x| < \dfrac{a}{2}\right) \\[2ex] \dfrac{1}{2a} & \left(|x| = \dfrac{a}{2}\right) \\[2ex] 0 & （それ以外） \end{cases} \tag{1.9}$$

このとき，$s(x)$ のフーリエ変換 $S(u)$ は次式となる。

$$S(u) = \mathrm{sinc}(au) = \frac{\sin(\pi au)}{\pi au} \tag{1.10}$$

フーリエ変換 $S(u)$ は重み関数 $s(x)$ の振幅伝達関数である。よってカットオフ空間周波数 $u_c = 1/\lambda c$ のとき，振幅伝達率 $S(u)$ は50％でなければならない。これより，

20

$$S(u_c) = \text{sinc}(au_c) = 0.5 \tag{1.11}$$

となるので，重み関数の幅 a は次式のようになる。

$$a = \frac{\text{sinc}^{-1}0.5}{u_c} = \lambda c \, \text{sinc}^{-1}0.5 \approx 0.6034\lambda c \tag{1.12}$$

1.6.4 振幅伝達関数の単調増加性

図 1.18 に示すような重み関数が矩形関数であるフィルタ F4 はカットオフ波長 λc =0.8 mm で，前述のフィルタの 3 条件をすべて満足する。すなわち，位相遅れがなく，フィルタの重みの総和が 1 であり，λc=0.8 mm で振幅伝達率が 50% である。

図 1.19 は振幅が 1 μm で波長 λ=0.8 mm の正弦波に対する 2 つのフィルタの出力である。両出力は一致し，振幅伝達率は 50% であった。このように，矩形フィルタ F4 は GF と同様の 3 条件を備え，ローパスフィルタとして問題なさそうに見える。フィルタ F4 と GF の双方を断面曲線に適用すると図 1.20 のようになる。矩形フィルタ F4 による平均線と GF による平均線はかけ離れている。フィルタ F4 による平均線は短波長成分が多く残り，異様な振動が随所に見られる。λ=0.8 mm の正弦波に対する振幅伝達率は GF と同じなのにどうしてこのようなことが起きるのであろうか。そこで振幅伝達特性を調べると，図 1.21 のようになった。カットオフ波長 λc=0.8 mm よりも長波長の領域では 2 つのフィルタの振幅伝達特性はよく似ているが，短波長の領域では全く特性が異なる。GF なら振幅伝達率がほぼ 0 となる波長 0.25 mm

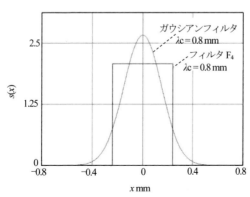

図 1.18　矩形フィルタ F4 とガウシアンフィルタ

21

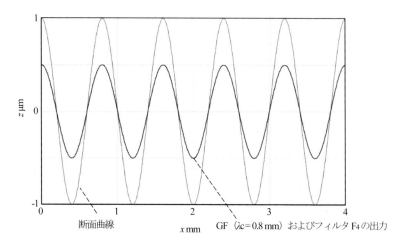

断面曲線　　　　　　　　x mm　　GF　$(\lambda c=0.8\,\mathrm{mm})$ およびフィルタ F4 の出力

図 1.19　矩形フィルタ F4 とガウシアンフィルタの振幅伝達率　$(\lambda=0.8\,\mathrm{mm})$

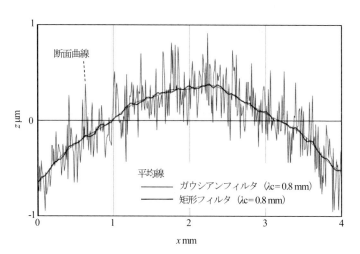

断面曲線

平均線
──── ガウシアンフィルタ　$(\lambda c=0.8\,\mathrm{mm})$
──── 矩形フィルタ　$(\lambda c=0.8\,\mathrm{mm})$

x mm

図 1.20　矩形フィルタ F4 とガウシアンフィルタの出力　$(\lambda c=0.8\,\mathrm{mm})$

以下の短波長領域では激しい振動が発生しなかなか減衰しない。しかもこの振動は 0.25 mm よりも長波長の帯域から発生し，約 0.36 mm の波長で振幅伝達率に大きな振動が発生している　$(\lambda=0.36\,\mathrm{mm}$ で振幅伝達率が -20.83 %)。

　ところで $\lambda=0.36\,\mathrm{mm}$ あたりで振幅伝達率が負になっているので，入力波形に対し

て出力波形の符号が反転することがわかる。そこで$\lambda=0.36\,\text{mm}$ における 2 つのフィルタの振幅伝達率を調べると，図 1.22 のようになった. 入力値が 0 μm である $x=$

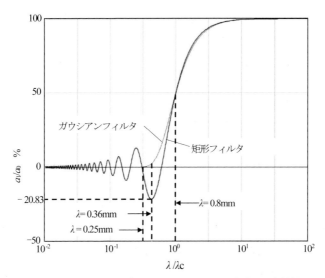

図 1.21 　矩形フィルタ F_4 とガウシアンフィルタの振幅伝達特性 （$\lambda c = 0.8\,\text{mm}$）

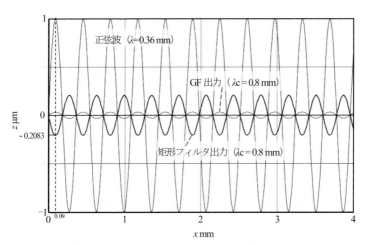

図 1.22 　矩形フィルタ F_4 とガウシアンフィルタの振幅伝達率 （$\lambda = 0.36\,\text{mm}$）

23

$n \times 0.18\,\mathrm{mm}$（$n = 0, 1, 2, \dots$）では矩形フィルタの出力も $0\,\mu\mathrm{m}$ であった．これに対し，入力値の大きさが最大の $1\,\mu\mathrm{m}$ になる $x = (n+0.5) \times 0.18\,\mathrm{mm}$（$n = 0, 1, 2, \dots$）では，矩形フィルタの出力の符号は逆転し大きさは最大の $0.2083\,\mu\mathrm{m}$ であった。これは図1.21の矩形フィルタの振幅伝達特性において，$\lambda = 0.36\,\mathrm{mm}$ のときに振幅伝達率が-20.83 %であったことを立証している。これに対し，GF の出力波形は反転しない。

波形の反転は $\lambda/2$ の位相遅れと等価であるから，フィルタの条件1を満足しないと見ることもできる。また，波形が反転だけでなく，振幅伝達特性のカーブが振動するのは好ましくない。振動により，ローパスフィルタのある波長の振幅伝達率がそれより長波長の振幅伝達率より大きくなる場合が生じる。これはローパスフィルタの特性としては不適切である。

以上よりローパスフィルタの振幅伝達特性は 0 から 100 %の間で単調増加であるべきことがわかる。

フィルタの4条件を満足する代表的なローパスフィルタは GF である。一方，これらの4条件を満足するフィルタは何種類でも設計は可能である。例えば図1.23のローレンツ型フィルタである。しかし，ローレンツ型フィルタの振幅伝達特性は GF に比べて緩やかで，平均線の短波長成分が抜け切れない。このように4条件を満たすローパスフィルタとなりうるフィルタは幾多あるが，GF の性能を超えるフィルタはないと考えられる。これは，フィルタの重み関数と振幅伝達関数が唯一同じ関数（ガウス型関数）になることが大きな要因である。

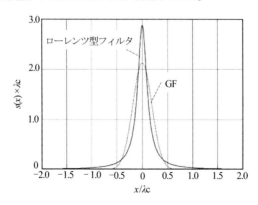

図1.23　4条件を満足するローレンツ型フィルタの重み関数

24

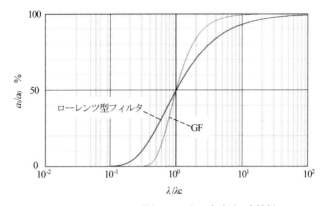

図1.24　ローレンツ型フィルタの振幅伝達特性

【例題1.3】　カットオフ波長 λc のローレンツ型フィルタの重み関数を定めよ。また フィルタの4条件すべてを満たすことを確かめよ。

（**解**）　ローレンツ型フィルタの重み関数 $s(x)$ は次式で定義される。

$$s(x) = \frac{1}{\pi c}\left\{1 + \left(\frac{x}{c}\right)^2\right\}^{-1} \tag{1.13}$$

ローレンツ型関数は偶関数で，関数の全積分値は1になる。このため，フィルタ の条件1と条件2を満足している。このとき，$s(x)$ のフーリエ変換 $S(u)$ は次式と なる。

$$S(u) = \exp(-2\pi c|u|) \tag{1.14}$$

カットオフ空間周波数 $u_c = 1/\lambda_c$ のとき，フィルタの条件3により振幅伝達率 $S(u_c)$ は50%でなければならない。これより，

$$S(u_c) = \exp(-2\pi c|u_c|) = 0.5 \tag{1.15}$$

となるので，ローレンツ型関数の定数 c は次式のようになる。

$$c = \frac{\lambda c}{2\pi}\ln 2 \approx 0.11032\lambda c \tag{1.16}$$

25

フィルタの条件4を示すには振幅伝達関数が単調増加関数であることを示せばよい。振幅伝達関数は次式である[※]。

$$S(u) = \exp(-2\pi c|u|) = \exp(-\lambda c \ln 2|u|) = 2^{-\left|\frac{\lambda c}{x}\right|} \tag{1.17}$$

　[※] $S(u)$は（空間）周波数 $u = 1/x$ の関数であるが，図1.24に見るように振幅伝達特性は横軸に波長＝長さをとるから，変数 u でなく変数 x で微分しなければならない．

　これを $x\,(x>0)$ で微分して，

$$\frac{dS(u)}{dx} = \frac{d}{dx}2^{-\frac{\lambda c}{x}} = \frac{\lambda c \ln 2}{x^2}2^{-\frac{\lambda c}{x}} \qquad (x>0) \tag{1.18}$$

となる。$dS(u)/dx>0$ であるから振幅伝達関数は単調増加関数になる。

1.7　ローパスフィルタの実装

　本節ではローパスフィルタをデジタル式フィルタとして実装する方法について述べる。図1.25に示すように，断面曲線を $z(x)$，平均線を $w(x)$，ローパスフィルタの重み関数を $s(x)$，評価長さを L[※]とすると，次式が成立する。 ただし，$z*s$ は関数 z と重み s の畳み込みを表す。

　[※] 粗さの分野では，評価長さ L を l_n と表記する。

$$w(x) = (z*s)(x) = \int_{-\infty}^{+\infty} z(x)s(t-x)dt \qquad (0\le x\le L) \tag{1.19}$$

　x 方向のサンプリング間隔を Δx，サンプル数を N とすると，評価長さは $L=N\Delta x$ となる。ローパスフィルタの重み関数の幅を a とする。サンプリングされた x 座標を $x_n\,(n=0,1,...,N\text{-}1)$ とし，$x_n=n\Delta x$，$z(x_n)=z_n$，$w(x_n)=w_n$，$s(x_n)=s_n$ とする。

$$w_n = (z*s)_n = \sum_{i=-A}^{A} z_{n-i}s_i \tag{1.20}$$

$$A = \lceil a/2\Delta x \rceil \tag{1.21}$$

上式において $\lceil * \rceil$ は整数化を行う天井関数であり，$(2A+1)\Delta x$ は標本化されたフィルタの幅である。

26

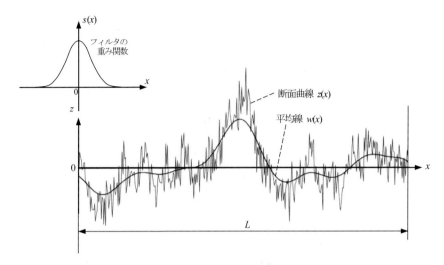

図 1.25　フィルタ処理の概念図

1.7.1　フィルタの標本化
連続関数であるフィルタの重み関数の標本化の注意点について述べる。

1)　フィルタサイズ
　フィルタの条件1より，フィルタは偶関数，すなわち左右対称でなければならない。このため整数値であるフィルタのサイズは奇数でなければならない。偶数だとフィルタが左右対称にならず，$\pi\Delta x/\lambda c$ だけ位相遅れ（または位相進み）が発生するためである。

　なおフィルタサイズを偶数で作ってしまった場合，フィルタサイズを1だけ増やして奇数にするのが面倒なら，フィルタサイズを偶数のまま扱って z_n を計算できる。ただし，この場合は，計算後に必ず，$\pi\Delta x/\lambda c$ の位相ズレに相当する $\Delta x/2$ のズレを補正しなければならない。

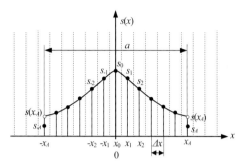

図1.26　フィルタ幅が偶数の場合

2) フィルタ両端の値

　図1.26のようにフィルタ幅が偶数の場合（重み関数の幅がちょうど Δx の偶数倍），フィルタの両端のセルには重み関数は半分しか入らない。このような場合は，フィルタサイズに1を加えて奇数にした上で，両端のセルを以下のように計算する。

$$s_A = s_{-A} \approx \frac{s(x_A)}{2} = \frac{s(x_{-A})}{2} \tag{1.22}$$

　これは以下のように考えるとわかりやすい。フィルタの重み関数の標本値，すなわちフィルタの値は，標本点の前後 $\pm \Delta x/2$ の範囲の重み関数の積分値と考えてよい。次式のとおりである。

$$s_n \approx \int_{x_n - \Delta x/2}^{x_n + \Delta x/2} s(x) \, dx \tag{1.23}$$

　フィルタ幅が偶数だと，両端のセルには重み関数が各々半分ずつしか含まれないから（1.22）式が成立する。これを一般化すると，フィルタの重み関数の幅が a で，フィルタ幅が $2A+1$ の場合，両端のセル値は以下のように近似できる。

$$s_A = s_{-A} \approx \frac{\{a - (2A - 1)\Delta x\} s(x_A)}{2} \tag{1.24}$$

28

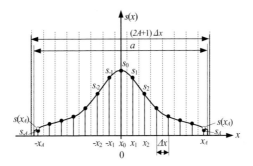

図1.27 フィルタ両端のセルの計算

上式で，$\{a - (2A-1)\}\Delta x/2$ は両端のセルの各々で重み関数が作る面積の割合である。これを図1.27に示す。この計算は$s(x_A)$ が十分に小さいときは無視して$s_A = s_{-A} \approx 0$にしてもよいが，そうでない場合は$s_A = s_{-A} \approx s(x_A)$ とはならないので注意が必要である。

1.7.2 フィルタの正規化

ローパスフィルタの条件2によって，フィルタ値は正規化されなければならない。この場合は，次式のようにフィルタs_nを正規化したフィルタh_nを計算し，その上で改めて$h_n \rightarrow s_n$という置き換え処理を行えばよい。

$$\left. \begin{aligned} h_n &= s_n / \sum_{i=-A}^{A} s_i \\ h_n &\rightarrow s_n \end{aligned} \right\} \tag{1.25}$$

あるいは，フィルタs_nの正規化を直接行わなくても，式(1.20)を正規化した次式によって，フィルタ出力w_nを正規化する方法もある。

$$w_n = (z * s)_n = \sum_{i=-A}^{A} z_{n-i} s_i \Big/ \sum_{i=-A}^{A} s_i \tag{1.26}$$

2. エンド効果

　本章ではISO16610-28 [9]で定義された，計測区間の両端で発生するエンド効果について概説する。エンド効果は表面粗さ分野に限らず畳み込み演算型のフィルタリング全般で起こる問題であり，データ端からフィルタ幅の半分の範囲でフィルタリングに必要な入力データが不足するために生じる問題である.

2.1　評価長さ

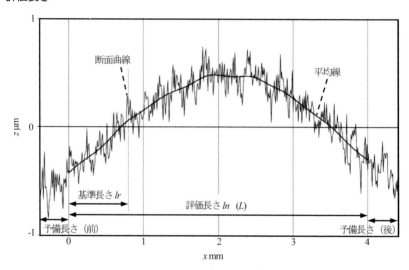

図 2.1　評価長さ

　表面粗さの評価を行う際には，断面曲線からローパスフィルタを適用して平均線を求め，断面曲線と平均線の差分から粗さ曲線を算出して *Ra*, *Rz* などの粗さパラメータを求める。しかし，図 2.1 に示すように，エンド効果が生じるために，粗さ測定器で測られた計測長さの断面曲線から前後の予備長さの範囲（エンド効果範囲と等しい）を除いた範囲が実際に評価に用いられる評価長さ *ln* (evaluation length) となる。なお，基準長さ *lr* (sampling length)はカットオフ値 λc に等しく，エンド効果の影響を受ける前後の各予備長さは基準長さの半分と等しい[10][11]。

　評価長さ・基準長さについてまとめると以下のとおりになる。

30

① 基準長さ *lr* は，表2.1のように規格で定められた飛び飛びの値のみをとる。式で表すと次式となり，取りうる値は 0.08 mm，0.25 mm，0.8 mm，2.5 mm，8 mm となる（表2.1）。

$$l_r \approx 0.08 \times 10^{\frac{k}{2}} \text{ [mm]} \quad (k = 0,\ 1,\ 2,\ 3,\ 4) \tag{2.1}$$

② 基準長さ *lr* はカットオフ値 *λc* に等しい。

表2.1 基準長さと評価長さおよび最大サンプリング間隔の関係

基準長さ（ *lr* ）mm	評価長さ（ *ln* ）mm	最大サンプリング間隔 μm
0.08	0.4	0.5
0.25	1.25	0.5
0.8	4	0.5
2.5	12.5	1.5
8	40	5

③ 評価長さ *ln* は基準長さ *lr* の 5 倍である。

④ 評価長さ *ln* のサンプリング間隔はサブ μm オーダーから μm オーダーである。このため通常，サンプリング数 *N* は数千点になる。本書では評価長さ *ln* を *L* で表現する。

⑤ 評価長さの前後に予備長さをとる。評価長さの範囲にエンド効果の影響が出ないようにするため，予備長さは前後ともに基準長さ *lr* の 1/2 以上，すなわち *λc*/2 以上とった計測長さで断面曲線を取得する。

2.2 ガウシアンフィルタのフィルタ幅

ガウシアンフィルタ(GF)の重み関数の定義域は ±∞ である。ただ，中心から遠く離れると重みが急激に 0 へ近づくこと，断面曲線が有限の長さであることなどから，フィルタの実装にあたっては ±0.5 *λc* を超えた *x* に対しては 0 として扱ってよい。これを図 2.2 に示す。なお，実際は測定間隔に合わせたデジタル値で計算するため，図 2.3 のようになる。表面粗さの分野で用いられる GF の幅はカットオフ波長 *λc* に

31

等しい。この幅を標準偏差 σ で表すと，例題 1.1 より $\pm 0.5 \lambda c \approx \pm 0.5 \lambda c\,(\sigma/0.1874\lambda c)$ $=\pm(0.5\lambda c/0.1874\lambda c)\sigma \approx \pm 2.668\sigma$ となる。正規分布のこの範囲には全ての重み (=1) の 99.237%が含まれるため，実用上は十分な精度があるとみなせる。実装誤差は 0.763% である。なお，GF の幅を $\pm 0.6\lambda c$ にした場合の実装誤差は 0.137%，$\pm\lambda c$ にした場合の実装誤差は 9.47×10^{-6} % である[※]。フィルタの実装にあたっては，1.6 節で述べた 4 条件に留意が必要である。

[※] JIS B 0634: 2017 (ISO 16610-21: 2011)の附属書 A による。

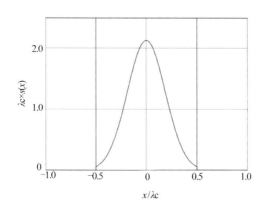

図 2.2　実際のガウシアンフィルタの重み関数

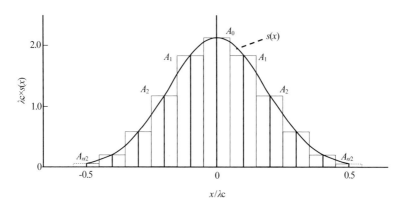

図 2.3　実際のガウシアンフィルタの重み関数（デジタル化）

32

【例題 2.1】 フィルタ幅 λ_c のガウシアンフィルタを n 個（偶数）でサンプリングしたときの総和を求めよ。

（解） ガウシアンフィルタの幅 λ_c を n 個のデータでサンプリングするので,

$$\Delta x = \frac{\lambda_c}{n} \tag{2.1}$$

である. 1.5.1 で述べたように, フィルタ端のデータは 0.5 倍しなくてはいけないから, 面積 A を構成する部分面積 A_k は以下のとおりとなる（図 2.3）。

$$\left.\begin{array}{l}
1\,\text{個}\cdots A_0 = \frac{1}{\alpha\lambda_c}\Delta x \\[2mm]
n-2\,\text{個}\cdots A_k = \frac{1}{\alpha\lambda_c}\exp\left(-\frac{\pi k^2\Delta x^2}{\alpha^2\lambda_c^2}\right)\Delta x \quad (k=1,\ 2,\ \cdots,\ \tfrac{n}{2}-1) \\[2mm]
2\,\text{個}\cdots A_{\frac{n}{2}} = \frac{1}{2\alpha\lambda_c}\exp\left(-\frac{\pi}{4\alpha^2}\right)\Delta x
\end{array}\right\} \tag{2.2}$$

これらを総計すると次式になる.

$$A = A_0 + \sum_{k=1}^{\frac{n}{2}-1} A_k + 2A_{\frac{n}{2}} = \frac{\Delta x}{\alpha\lambda_c}\left\{1 + \exp\left(-\frac{\pi}{4\alpha^2}\right) + 2\sum_{k=1}^{\frac{n}{2}-1}\exp\left(-\frac{\pi k^2\Delta x^2}{\alpha^2\lambda_c^2}\right)\right\}$$

$$= \frac{1}{n\alpha}\left\{1 + \exp\left(-\frac{\pi}{4\alpha^2}\right) + 2\sum_{k=1}^{\frac{n}{2}-1}\exp\left(-\frac{k^2\pi^2}{n^2\ln2}\right)\right\} \tag{2.3}$$

　サンプリング数 n とデジタル化による実装誤差の関係を図 2.4 に示す。フィルタ幅を λ_c にしたことによる実装誤差は 0.763 %（厳密には 0.76254 %）であったが, $n=100$ で 0.764 %, $n=170$ で 0.763 % となり, n が大きくなるにつれ実装誤差 0.7625 % に漸近した. 実装誤差に対してデジタル化が及ぼす誤差は, $n=100$ で, $(0.764-0.76254)/0.76254 = 0.19\%$, $n=170$ で, $(0.763-0.76254)/0.76254 = 0.06\%$ と実装誤差に比べてごく僅かである。さらに, サンプリング数 n が最低でも数百点であることから, フィルタのデジタル誤差は無視できる。

　なお, 実際のフィルタ演算においては, フィルタの重みの総和が 1 になるように正規化を忘れてはならない。

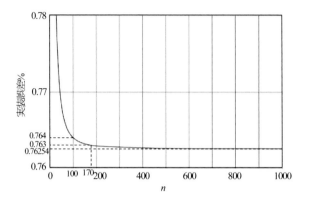

図 2.4　デジタル化したガウシアンフィルタの実装誤差

2.3　主なエンド効果対策

　GF は，畳み込み演算で入力データを平滑化する。そのためデータの端では必要な入力データが足らず計算ができない（図2.5）。また，データ端ではフィルタ出力に予期しないゆがみが発生する。これらをエンド効果という[12]。

　解決方法として，予備長さを設けることでデータ端のフィルタを適用させることができる（図2.6）。予備長さはデータ端の外側各々にフィルタ幅の半分（λc/2）以上を必要とする。

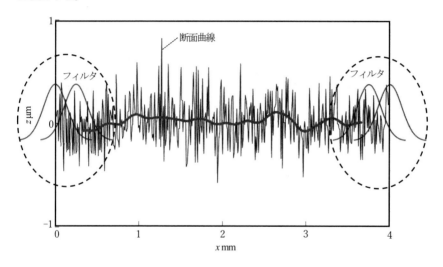

図 2.5　GF 適用範囲

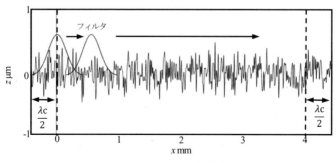

図 2.6　予備長さ

35

2.3.1 ゼロパディング (ISO 16610-28 / 4.2.1)

予備長さ区間に0を入力することでフィルタ演算を可能にする（図2.7）。

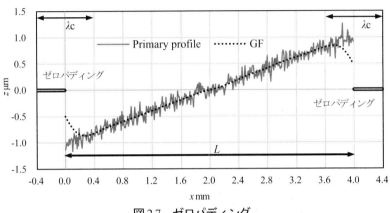

図2.7 ゼロパディング

・ゼロパディングの問題点

断面曲線が傾斜を持つ場合，また大きなオフセット値を持つ場合は効果がない（図2.8）。

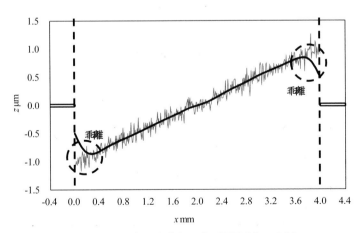

図2.8 ゼロパディングで問題が生じる例

2.3.2 線対称拡張 (ISO 16610-28 / 4.2.3.2)

区間 $L-\lambda c$ の外側の $\pm\lambda c/2$ の範囲の断面曲線を区間 L の外側へ，区間 L の境界線を基準に線対称拡張する（図 2.9）。

・問題点

傾きのある断面曲線だと，入力と出力が区間 L の端で乖離する（図 2.10）。

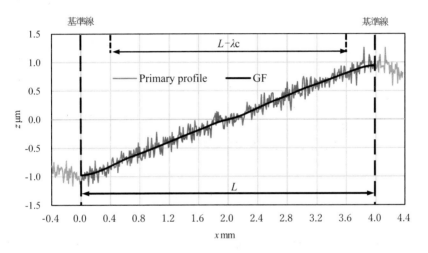

図 2.9　線対称拡張

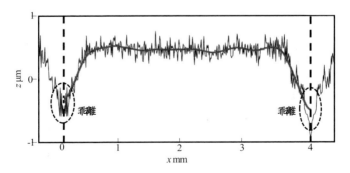

図 2.10　線対称拡張で問題が生じる例

37

2.3.3　点対称拡張 (ISO 16610-28 / 4.2.3.3)

区間 $L-\lambda c$ の外側にある $\pm\lambda c/2$ 範囲の断面曲線を区間 L の外側へ，端点を基準として点対称拡張する（図2.11）。

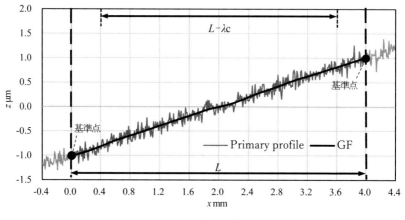

図2.11　点対称拡張

・問題点

　オフセットや傾斜に対しては概ね問題ないが，端点にスパイクノイズのような異常値が含まれる場合は出力が端点付近で入力に対し乖離する（図2.12）。

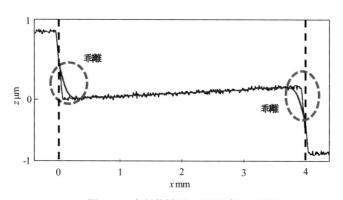

図2.12　点対称拡張で問題が生じる例

38

2.3.4 モーメント保存型 (ISO 16610-28 / 4.3)

平均線 $w(x)$ を p 次多項式にあてはめると, ガウス型回帰フィルタ (Gaussian regression filter : GRF) を次式のように考えることができる[25]。

$$\int_0^L \left\{ z(\xi) - \sum_p \alpha_p(x)(x - \xi)^p \right\}^2 s^*(x - \xi)d\xi \to \text{Min} \tag{2.4}$$

ここに, L は計測長さ, $\alpha_p(x)$ は p 次のシフトバリアント補正 (x により変化する) 関数である。$s^*(x)$ はフィルタの重み関数で, 式(1.3)の GF の重み関数に p 次多項式を乗じた形式である。

$p = 0$ の場合の出力 $w(x_k)$ を得るための重み関数 $s^*(x)$ は次式で与えられ, このフィルタを Gaussain regression 0 (GR0) という。なお, $\alpha \approx 0.4697$ である。

$$s^*(x) = \exp\left(-\frac{\pi x^2}{\alpha^2 \lambda c^2}\right) \Big/ \int_{\max(x_k - \lambda c/2, 0)}^{\min(x_k + \lambda c/2, L)} \exp\left(-\frac{\pi x^2}{\alpha^2 \lambda c^2}\right) dx \tag{2.5}$$

x_k がエンド効果のない領域の点であれば, $s^*(x)$ の GF の重み関数 (式1.3) に一致する。エンド効果の領域にある重み関数は大きくなる (図2.13) が, 計測区間 $[0, L]$ の外側に重み関数 $s^*(x)$ がはみださないので, 重み関数の総和は1になる。

GR0 を断面曲線に適用した結果を図2.14に示す。この処理は線対称拡張に近い処理であるため, オフセットに対するエンド効果はなくなり, 傾斜分のみのエンド効果に軽減されている。

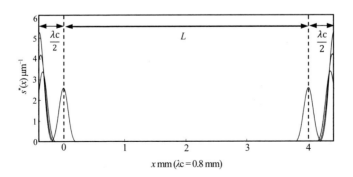

図 2.13　GR0 の重み関数 $s^*(x)$

39

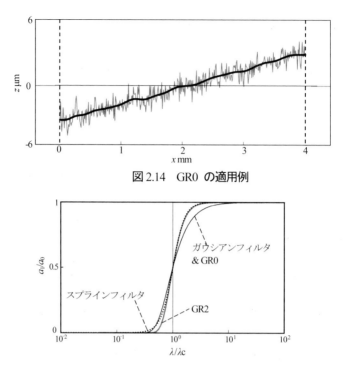

図 2.14　GR0 の適用例

図 2.15　GR2 の振幅伝達特性

　$p=1$ 次の場合の重み関数を用いたフィルタが Gaussain regression 1 （GR1)である。重み関数はガウス型重み関数に 1 次の多項式を乗じた形式であるが，エンド効果のない区間ではガウス型重み関数に一致する。エンド効果のある区間では，GR0 より追従性が良好である。

　$p=2$ 次の場合が Gaussain regression 2 （GR2)で，振幅伝達率は式(2.6)で与えられる。後述のスプラインフィルタの振幅伝達特性と長波長域でほぼ一致する（図2.15)。なお，定数 $C≈0.2916$ である。

$$S^*(\lambda) = \{1 + 2(C\pi\lambda c/\lambda)^2\}\exp[-2(C\pi\lambda c/\lambda)^2] \tag{2.6}$$

　ISO 16610-28/4.3 では，以上のようなフィルタをモーメント保存型と呼ぶ[9]。出力 $w(x)$は次式で与えられる。$b_f(x)$は p 次のシフトバリアント補正関数で，エンド効果のない領域では積分中の{}内が $s(x-\xi)$ に等しくなるように与えられる。

$$w(x) = \int_{\max(x+\lambda c/2,0)}^{\min(x+\lambda c/2,L)} z(\xi) s^*(x - \xi) d\xi$$

$$= \int_{\max(x+\lambda c/2,0)}^{\min(x+\lambda c/2,L)} z(\xi) \times \left\{ \sum_p b_p(x)(x - \xi)^p \, s(x - \xi) \right\} d\xi \qquad (2.7)$$

3. 振幅伝達特性と位相補償特性

　振幅伝達特性と位相補償特性は，ローパスフィルタの重要なフィルタ特性である。フィルタの重み関数のフーリエ変換が振幅伝達率であること，位相補償フィルタが振幅伝達率の式に虚数部を持たないことなどから，両特性ともフーリエ変換（FT: Fourier transform）と密接な関係にある。そこで，本章ではFTの計算方法について述べた後，これを用いた振幅伝達特性および位相補償特性の計算方法を紹介する。

3.1　フーリエ変換

　フーリエ変換，離散フーリエ変換（DFT: discrete Fourier transform），高速フーリエ変換（FFT: fast Fourier transform）について述べる。

3.1.1　フーリエ変換（FT）

　関数 $f(x)$ のFTである $F(u)$ は次式で定義される。変数 x が時間である場合，変数 u は周波数である。これに対し，変数 x が空間座標の位置である場合は，変数 u は空間周波数になる。変数 x の種類によらず，変数 u を単に周波数と呼ぶことが多い。ここに j は虚数単位である。

$$
\left.
\begin{aligned}
F(u) &= \int_{-\infty}^{+\infty} f(x)e^{-j2\pi ux}dx \\
f(x) &= \frac{1}{2\pi}\int_{-\infty}^{+\infty} F(u)\,e^{j2\pi ux}du
\end{aligned}
\right\} \tag{3.1}
$$

　$F(u)$をフーリエ逆変換（inverse Fourier transform：IFT）して $f(x)$ を計算できる。

3.1.2　離散フーリエ変換（DFT）

$$
\left.
\begin{aligned}
\tilde{F}(u_n) &= \sum_{k=0}^{N-1} f(k)e^{-j2\pi ku_n} \\
f(n) &= \frac{1}{N}\sum_{k=0}^{N-1} \tilde{F}(u_k)e^{j2\pi nu_k}
\end{aligned}
\right\} \tag{3.2}
$$

FT 後の $F(u)$ は $\pm\infty$ の区間で定義される連続な周波数関数であり，元関数 $f(x)$ も連続関数で $\pm\infty$ の定義域である。これに対し，DFT は有限で離散的なデータに適用できる。これを式 (3.2) に示す。ここにデータ数を N として $u_n = n / N$ とする。$F(0)$ は直流成分（オフセット）である。

1) DFT の周期性

$\tilde{F}(u_n)$ および $f(n)$ は式 (3.2) より，次式に示すようなデータ数 N の周期性を前提とする。ここに k は任意の整数である。

$$
\left.
\begin{aligned}
\tilde{F}(u_{n+kN}) &= \tilde{F}(u_n) \\
f(n + kN) &= f(n)
\end{aligned}
\right\} \tag{3.3}
$$

上式より次式が導かれる。すなわち，$\tilde{F}(u_{-1}) = \tilde{F}(u_{N-1}), \tilde{F}(u_{-2}) = \tilde{F}(u_{N-2})$, $\tilde{F}(u_{-3}) = \tilde{F}(u_{N-3})$, …である。同様，$f(-1) = f(N-1)$, $f(-2) = f(N-2)$, $f(-3) = f(N-3)$, …である。

$$
\left.
\begin{aligned}
\tilde{F}(u_{-n}) &= \tilde{F}(u_{N-n}) \\
f(-n) &= f(N - n)
\end{aligned}
\right\} \tag{3.4}
$$

2) DFT の計算上の注意

FT は取扱い上の最大周波数を u_A とすると，$u = 0$ を原点として，$-u_A \leq u \leq u_A$ の範囲で扱うのが普通である。一方，DFT は $u_n = n / N$ $(n = 0, 1, \cdots, N - 1)$ で計算されるので，グラフ表示する際は式 (3.4) によって，$u=0$ の右半分を左側にシフトしなければならない。

同様に，元関数の $f(x)$ において x の取扱い上の最大値を x_A とすると，$x=0$ を原点として，$-x_A \leq x \leq x_A$ の範囲で扱う。このため DFT で扱う $f(n)$ においては $n = 0, 1, \cdots, N - 1$ で計算されるので，グラフ表示する際はやはり式 (3.4) によって，$n=0$ の右側半分を左側にシフトしなければならない。

以上の内容を図 3.1 で説明すると，①では $-x_A \leq x \leq x_A$ の区間を N 個のデータで標本化された $f(x_n) = f(n)$ の左半分を右側へ N 個分シフトする。②では N 個の

$f(n: 0 \le n \le N\text{-}1)$ を DFT して$\tilde{F}(u_n)$を得る。③では$\tilde{F}(u_n)$を，$u_n = 0$ を原点にグラフ表示するために，N 個の$\tilde{F}(u_n)$の右半分を左側へ N 個分シフトする。

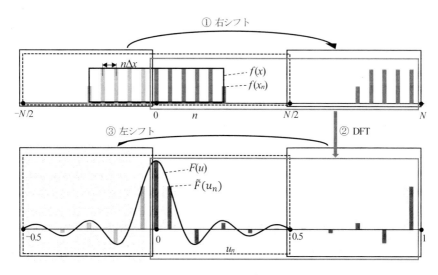

図 3.1　DFT の計算上の注意

3.1.3　高速フーリエ変換（FFT）

1)　FFT (fast Fourier transform)

　　データ数 N を 2 のべき乗とし，データ数 N を順次半分にしながらビット反転とバタフライ演算を反復することで，DFT を高速に計算する方法を FFT という。1965 年に J. W. Cooley と J. W. Tukey により発見されたが，C. F. Gauss (1777-1855) によりすでに原理が発見されていたことが後に判明した。

　　N 個のデータの DFT の計算量のオーダーは $O(N^2)$ であるが，FFT では計算量のオーダーが $O(N \log_2 N)$ と小さい※。

※　例えば，$f(x) = 3x^2 + 4x - 5$ において x を∞に発散したときの f の挙動を考えると第 1 項がその他の項に比べて極端に大きくなるので 2 項目以降は無視できる。よって計算量は $O(N^2)$ となる。

2) Chirp Z 変換

　FFT は，データ数 N が 2 のべき乗のときには高速に DFT を計算できるが，正の整数一般には適用できない。Chirp Z 変換は FFT 演算を 3 回行うことにより，正の整数一般に対しても高速に DFT を実行できる手法である。これより，N 個のデータに対する Chirp Z 変換の計算量のオーダーは $O(N\log_2 N)$ で FFT の計算量のオーダーと同じになる。

3.1.4　フーリエ変換によるフィルタ演算

1)　実空間での畳み込み演算

　断面曲線を $z(x)$，ローパスフィルタの重み関数を $s(x)$ とすると，平均線 $w(x)$ は次式で与えられる。

$$w(x) = \sum_k s(k)z(x-k) = (s*z)(x) \tag{3.5}$$

2)　フーリエ変換によるフィルタ演算

　式(3.5)を FT して次式が得られる。ここに $Z(u), S(u), W(u)$ はそれぞれ，$z(x), s(x),$ $w(x)$ の FT である。

$$W(u) = S(u)Z(u) \tag{3.6}$$

$$\left[\begin{array}{l} \mathrm{Re}\big(W(u)\big) = \mathrm{Re}\big(S(u)\big)\mathrm{Re}\big(Z(u)\big) - \mathrm{Im}\big(S(u)\big)\mathrm{Im}\big(Z(u)\big) \\ \mathrm{Im}\big(W(u)\big) = \mathrm{Re}\big(S(u)\big)\mathrm{Im}\big(Z(u)\big) + \mathrm{Im}\big(S(u)\big)\mathrm{Re}\big(Z(u)\big) \end{array}\right. \tag{3.7}$$

　式(3.6)をフーリエ逆変換（IFT）してフィルタ出力 $w(x)$ を得る。ただし，FT を用いてフィルタ演算するには下記の注意点が必要である。

① FT ではなく DFT を用いる。

$$\tilde{W}(u_n) = \tilde{S}(u_n)\tilde{Z}(u_n) \tag{3.8}$$

② 畳み込み演算による平均線 $w(x)$ と $\tilde{W}(u_n)$ の離散フーリエ逆変換とは一般に一致しない。その理由は以下の 2 点にある。

a) 畳み込み演算では，$z(x)$ の測定長さ L の領域の外側に予備長さなどのエンド効果対策の領域が必要である。一方，DFT を使う場合は，測定長さ L 分の断面曲線が繰り返しているとみなすので，元データが異なってしまう。

b) $z(x)$ に不連続点があると $Z(u)$ の高周波領域に大きな振動成分が発生する。DFT では断面曲線 $z(x)$ から測定長さ分を切り出すが，切り出した両端の高さがずれていると，周期性の性質から不連続とみなされ，高周波成分に振動成分が出現する。これを避けようとしてハン窓などの窓関数を適用すると，入力データが断面曲線 $z(x)$ と異なることになるので，$\widetilde{W}(u_n)$ の離散フーリエ逆変換と $z(x)$ は一致しない。

③ DFT は計算時間が遅い。データ数が 2 のべき乗の場合は FFT が使えるが，データ数が 2 のべき乗になることは稀である。この場合は，Chirp Z 変換を用いることができる。

　上記②と③の対策をうまく行えば，DFT を用いたフィルタ演算を高速に実現可能で，その結果は畳み込み演算で得られた結果に一致する（詳細は 6 章参照）。

【例題 3.1】　図 3.1 の $F(u_n)$ と $\tilde{F}(u_n)$ は全ての n で一致するか？

（解）図 3.1 では $N = 20$，$\Delta x = 1$，

$$f(x) = \frac{1}{a}\,\mathrm{rect}\left(\frac{x}{a}\right) = \left.\begin{array}{ll} 0 & |x| > \dfrac{a}{2} \\[2mm] \dfrac{1}{2a} & |x| = \dfrac{a}{2} \\[2mm] \dfrac{1}{a} & |x| < \dfrac{a}{2} \end{array}\right\} \tag{3.9}$$

とした。ここに $a = 10$ である。

表3.1　矩形関数の FT と DFT の誤差

n	0	1	2	3	4	5
u_n	0	0	0	0	0	0
$F(u_n)$	1	0.6366	0	-0.2122	0	0.1273
$\tilde{F}(u_n)$	1	0.6314	0	-0.1963	0	0.1
誤差	0	0.0052	0	0.0159	0	0.0273

$f(x)$を FT した $F(u)$は次式で与えられる。

式(3.1)より

$$F(u) = \frac{1}{10}\int_{-\infty}^{+\infty} \text{rect}\left(\frac{x}{a}\right) e^{-jux}\, dx = \text{sinc}(au) = \frac{\sin(\pi au)}{\pi au} \tag{3.10}$$

一方、式(3.2)より $f(n)$の DFT $\tilde{F}(u_n)$はN=20 の周期性を利用して，次式で与えられる。rect 関数は偶関数のため，$\tilde{F}(u_n)$の虚数部は 0 になる。

$$\tilde{F}(u_n) = \sum_{k=0}^{19} f(k)e^{-j2\pi ku_n} = \frac{1}{10}\sum_{k=-9}^{10} \text{rect}\left(\frac{k}{10}\right) e^{-j2\pi ku_n}$$

$$= \frac{1}{10}\sum_{k=0}^{4}\{\cos(2\pi ku_n) - j\sin(2\pi ku_n)\} + \frac{1}{20}\{\cos(10\pi u_n) - j\sin(10\pi u_n)\}$$

$$+ \frac{1}{20}\{\cos(30\pi u_n) - j\sin(30\pi u_n)\} + \frac{1}{10}\sum_{k=16}^{19}\{\cos(2\pi ku_n) - j\sin(2\pi ku_n)\}$$

$$= \frac{1}{10}\left\{1 + \cos(10\pi u_n) + 2\sum_{k=1}^{4}\cos(2\pi ku_n)\right\}$$

n=0 から 5 までの $F(u_n)$と$\tilde{F}(u_n)$を計算し表 3.1 に示した。ほどよい近似ではあるものの、$F(u_n)$ が 1 となる n=0 および、$F(u_n)$ が 0 となる n が偶数の場合を除いて誤差が発生する。この誤差は DFT の最大周波数 $u_{N/2}$=0.5 近傍において $F(u_n)$ が十分に収束していない場合に発生する。つまり，本例題のような矩形関数の DFT で顕著に起こる。逆に言えば，ガウス関数の FT のように収束が早い場合は$F(u_n)$=$\tilde{F}(u_n)$としても何ら差し支えない。

47

また，矩形関数であっても工夫次第で$F(u_n) \approx \tilde{F}(u_n)$とできる。たとえば、矩形関数のFT 式(3.10) において，aを十分大きくすれば$u_{N/2}=0.5$近傍で$F(u_n)$ は十分に収束する。aを大きくするには，Nも大きくしなくてはならない。

上記の理由により、本書で扱う DFT では，$F(u_n) \approx \tilde{F}(u_n)$が成り立つので、特に断りのない限り$F(u_n)$と記述する。すなわち、$F(u_n)$ は周波数u_nにおける FT 結果$F(u)$であり，また DFT $\tilde{F}(u_n)$でもある。

3.2 振幅伝達特性

3.2.1 ISO 16610-21（JIS B 0634）のガウシアンフィルタ

ISO 16610-21 (JIS B 0634) の式(1)でガウシアンフィルタ（GF）は次式で示される（例題 1.1 参照）。

$$s(x) = \frac{1}{\alpha \times \lambda c} \times \exp\left[-\pi\left(\frac{x}{\alpha \times \lambda c}\right)\right] \tag{1.3}^{再掲}$$

$$\text{ここに、} \alpha = \sqrt{\frac{\ln 2}{\pi}} \approx 0.4697 \text{ である。}$$

一方，正規分布のガウス関数は次式で表現できる。

$$s(x) = \frac{1}{\sqrt{2\pi}\sigma} \exp^{-\frac{x^2}{2\sigma^2}} \tag{1.5}^{再掲}$$

式(1.3)と(1.5)が等しいので，式(1.5)の形における標準偏差は次式となる。

$$\sigma = \frac{\lambda c}{\pi}\sqrt{\frac{\ln 2}{2}} \approx 0.1874\lambda c \tag{3.11}$$

実際の GF は$\pm \lambda c/2$ の幅でカットオフ（遮断）されることが多い[8]。この場合は遮断を，下記の$\pm 2.67\sigma$ で行う。

$$\pm\frac{\lambda c}{2} \approx \pm 2.67\sigma \tag{3.12}$$

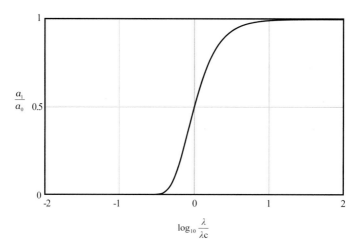

図3.2　ガウシアンフィルタの振幅伝達特性

3.2.2　ガウシアンフィルタの振幅伝達特性

GF の振幅伝達率は次式で与えられる。これを図 3.2 に示す。

$$\frac{a_1}{a_0} = \exp\left[-\pi\left(\frac{\alpha \times \lambda c}{\lambda}\right)^2\right] \tag{3.13}$$

これは式(1.5)の重み関数をフーリエ変換して得られる。実際のフィルタのサイズは±λc/2 であり，それ以外は 0 である。実際のフィルタの重み関数の振幅伝達関数は図 3.2 の波形と比べると，短波長領域でひずみが生じるが実用上は差し支えない。

【**例題** 3.2】　GF の重み関数の振幅伝達率が式 (3.13) となることを確かめよ。

（**解**）　GF の重み関数が式 (1.5) で与えられるとき，そのフーリエ変換は式(3.1)より次式となる。

$$F(u) = \frac{1}{\sqrt{2\pi}\sigma}\int_{-\infty}^{+\infty} e^{-\frac{x^2}{2\sigma^2} - jux}\, dx = \exp(-2\pi^2\sigma^2 u^2) \tag{1.6}再掲$$

49

ここで，式(1.8)より $\sigma^2 = \frac{\alpha^2}{2\pi}\lambda c^2$ なので，

$$F(u) = \exp\left[-2\pi^2\left(\frac{\alpha^2}{2\pi}\lambda c^2\right)u^2\right] = \exp\left(-\pi\alpha^2\lambda c^2 u^2\right)$$

となる。周波数 u は波長 λ の逆数であるから，次式となる。

$$\frac{a_1}{a_0} = F(u) = \exp\left[-\pi\left(\frac{\alpha\lambda c}{\lambda}\right)^2\right]$$

3.3 位相補償特性

JIS B 0632 : 2001（ISO 11562 : 1996）「位相補償フィルタの特性」（B0634 制定に伴い廃止）[6] では，位相補償フィルタを「位相遅れ（輪郭曲線が波長に依存してひずむ原因）のない輪郭曲線フィルタ」と定義する。重み関数が正規分布の位相補償フィルタを GF としている。本規格は JIS B 0634 : 2017（ISO 16610-21 : 2011）「ガウシアンフィルタ」が新たに規格化されたのに伴い廃止された[8]が，位相補償という性質は GF のみならず，表面性状用ローパスフィルタにおいて重要である。

3.3.1 合成正弦波の位相ズレ

1) 合成波のフーリエ変換

データ数 N からなる振幅 A の余弦波が k（$k=1, 2, 3, 4, 5$）の周期をもち $(2k\pi)$，それらの合成波を $z(x)$ とする。この合成波を DFT した $Z(u_k)=Z(k/N)$ は図 3.3 のようになる。

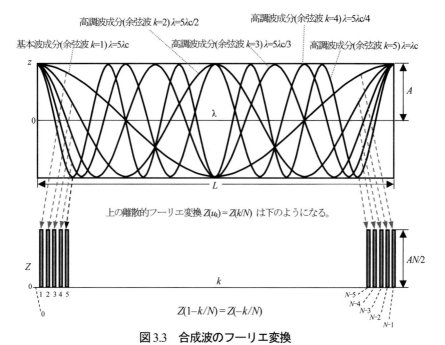

図 3.3　合成波のフーリエ変換

51

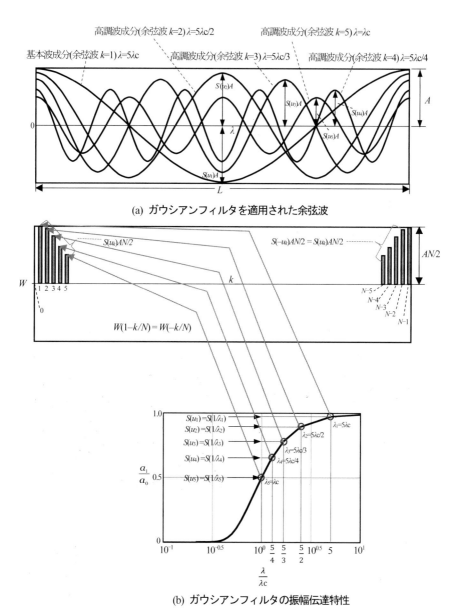

(a) ガウシアンフィルタを適用された余弦波

(b) ガウシアンフィルタの振幅伝達特性

図3.4　離散フーリエ変換と振幅伝達特性の関係性

合成波 $z(x)$ にカットオフ波長が $\lambda_c = L/5$ （$N/5$ に相当）の GF である $S(x)$ を適用すると図 3.4 のようになる。

データ数 N からなる振幅 $a_1(k)A$ の余弦波が k （k=1，2，3，4，5）の周期（$2k\pi$）を持ち，それらの合成が $w(x)$ である。なぜ，フィルタ適用後の余弦波の振幅が $S(u_k)A$ になるかというと，フィルタを適用する前の余弦波輪郭曲線の振幅は $a_0 = A$ で，振幅伝達率が $a_1/a_0 = S(u_k)$ であるため，フィルタ適用後の平均線を基準とした余弦波輪郭曲線の振幅が $a_1 = a_0 \times (a_1/a_0) = S(u_k)A$ となるためである。

ここに，式(3.13)より $S(u_k) = a_1/a_0 = \exp(-2\pi^2\sigma^2 u_k^2)$ である。よって，$S(u_1) = 0.972655$，$S(u_2) = 0.895025$，$S(u_3) = 0.779165$，$S(u_4) = 0.641713$，$S(u_5) = 0.5$ となる。なお，$S(u_k)$ はサンプル数 N によらず普遍である。N が大きくなると u_k は反比例で小さくなるが，σ は比例で大きくなるので σu_k が一定になり $S(u_k)$ も一定になる。

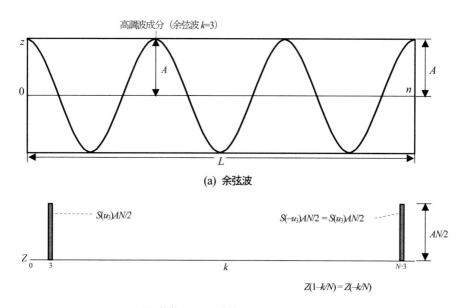

(a) 余弦波

(b) 離散フーリエ変換 $Z(u_k) = Z(k/N)$

図 3.5　余弦波のフーリエ変換（位相ズレなし）

2) 位相ズレした余弦波のフーリエ変換

データ数 N からなる振幅 A の $k=3$ の余弦波（区間内で $k=3$ の周期，3 でなく 1 以上の整数なら何でも可）を $z(x)$ とする。これを図 3.5 に示す。

今度は $z(x)$ を $\Delta L_k = \Delta\theta/2\pi \times L/k$（$\Delta\theta$ 相当，$k=3$）だけ波形を遅らせてみよう（図 3.6(a)）。たとえば $\Delta\theta = \pi/3 = 60°$ とする。その DFT 結果 $Z(u_k) = Z(k/N)$ は同図(b)のようになる。図 3.6 とは異なり，Re 部（実部）だけでなく Im 部（虚部）が現れる（薄いバーは Re 部，濃いバーは Im 部）。

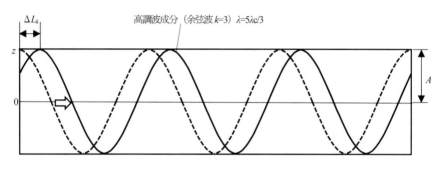

(a) 余弦波（位相ズレあり）

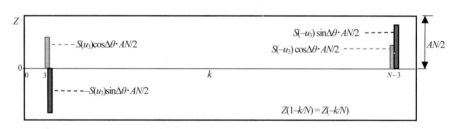

(b) 離散的フーリエ変換 の虚部と実部

図 3.6　余弦波のフーリエ変換（位相ズレあり）

なぜこのようになるのかというと，位相が $\Delta\theta$ だけ進んだ余弦波の FT は，元々の FT に $e^{j\Delta\theta} = \cos\Delta\theta - j\sin\Delta\theta$ を乗じて計算できるためである。なお絶対値の大きさは位相が進んでも同じである※。

※　$|\cos\Delta\theta - j\sin\Delta\theta| = \sqrt{\cos^2\Delta\theta + \sin^2\Delta\theta} = 1$ のため。

3.3.2 位相遅れの計算方法

1) フィルタの重み関数が与えられている場合

GF のように重み関数が既知なローパスフィルタの場合，離散化した重み関数を $s(x_k)$, その DFT を $S(u_k)$ とする。ここで，$S(u_k)$ を Re（実）部と Im（虚）部とに分けて表記する。

$$S(u_k) = \text{Re}\big(S(u_k)\big) + j\,\text{Im}\big(S(u_k)\big) \tag{3.14}$$

振幅伝達率は以下の式で計算できる。

$$\frac{a_0}{a_1} = \sqrt{\big\{\text{Re}\big(S(u_k)\big)\big\}^2 + \big\{\,\text{Im}\big(S(u_k)\big)\big\}^2} \tag{3.15}$$

位相補償フィルタであれば Im 部は 0 であるから，DFT が振幅伝達率になる。位相遅れは次式で計算できる。

$$\Delta\theta = \tan^{-1}\frac{\text{Im}(S(u_k))}{\text{Re}(S(u_k))} \tag{3.16}$$

位相補償フィルタは偶関数のため Im 部は 0 となる。よって位相遅れはない。フィルタの重み関数が左右対称形で中心がずれている場合は，位相遅れが発生するものの k によらず $\Delta\theta$ は一定値になる。フィルタの重み関数が偶関数でない場合，すなわち位相補償フィルタでない場合，k によって $\Delta\theta$ は異なる。すなわち波長によって位相遅れが各々違うため，波形が歪む要因となる。アナログフィルタである 2RC フィルタやバターワースフィルタも波長によって位相遅れは異なる。

2) フィルタの重み関数が与えられていない場合

以下の①の前提条件が成立する場合は，位相遅れの計算が可能である。

① 前提条件※ : ※ DFT の性質である。

・断面曲線 $z(x)$ は周期性（評価長さ L あるいはデータ数 N 分の周期性）を持つ。

・出力 $w(x)$ は周期性をもつ上記断面曲線 $z(x)$ にフィルタ $s(x)$ を適用

55

② DFT の計算

　・$z(x)$の DFT $Z(u_k)$

　・$w(x)$の DFT $W(u_k)$ 　　　　　　　　$\Big\}$ を計算

③ $s(x)$の DFT $S(u_k)$ の計算（フィルタ $s(x)$ が不明な場合）

$$S(u_k) = \mathrm{Re}\big(S(u_k)\big) + j\,\mathrm{Im}\big(S(u_k)\big) \text{ として}$$

$$\mathrm{Re}(S(u_k)) = \frac{\mathrm{Re}(Z(u_k))\,\mathrm{Re}(W(u_k)) + \mathrm{Im}(Z(u_k))\,\mathrm{Im}(W(u_k))}{\mathrm{Re}(Z(u_k))^2 + \mathrm{Im}(Z(u_k))^2}$$

$$\mathrm{Im}(S(u_k)) = \frac{\mathrm{Re}(Z(u_k))\,\mathrm{Im}(W(u_k)) - \mathrm{Im}(Z(u_k))\,\mathrm{Re}(W(u_k))}{\mathrm{Re}(Z(u_k))^2 + \mathrm{Im}(Z(u_k))^2}$$

(3.17)

④ 式 (3.15) により振幅伝達率を，式 (3.16) により位相遅れを計算する。

【例題 3.3】 2RC フィルタ※の振幅伝達率の基となるフーリエ変換は次式で与えられる。

※2RC フィルタの重み関数は $s(x) = \frac{c}{\lambda c}\left(2 - C\frac{|x|}{\lambda c}\right)\exp\left(-C\frac{|x|}{\lambda c}\right)$ で与えられる。なお，定数 C=3.64 である。

このとき，振幅伝達率と位相遅れを計算せよ。なお，$k_0 = 1/\sqrt{3}$ とする。

$$S(u) = S(\lambda^{-1}) = \frac{1}{(1 - jk_0\lambda/\lambda c)^2} \tag{3.18}$$

（解） 位相補償フィルタであれば振幅伝達率は重み関数のフーリエ変換であるが，2RC フィルタは位相補償フィルタでないため(3.15)式で計算する。

さて，$c = k_0\lambda/\lambda c$ として，

　　$1 - jc = e^{a+jb}$ 　とおくと

e^a は 1-jc の絶対値，b は偏角（位相遅れ）である。

$$\left. \begin{array}{l} e^a = |1 - jc| = \sqrt{1 + c^2} \\[2mm] \cos b = \dfrac{1}{\sqrt{1 + c^2}}\,, \qquad \sin b = \dfrac{-c}{\sqrt{1 + c^2}} \end{array} \right\} \tag{3.19}$$

56

となる。よって,

$$S(u) = S(\lambda^{-1}) = \left(\frac{1}{e^{a+jb}}\right)^2 = e^{-2a-2jb} = e^{-2a}(\cos 2b - j\sin 2b) \tag{3.20}$$

これより振幅伝達率は次式となる。

$$|S(u)| = |S(\lambda^{-1})| = e^{-2a} = \frac{1}{1+c^2} = \frac{1}{1+k_0^2\lambda^2/\lambda c^2} = \frac{1}{1+\lambda^2/(3\lambda c^2)} \tag{3.21}$$

位相遅れを $\Delta\theta$ とすると,式(3.20)より $\Delta\theta$ = -2b である。一方,式(3.19)より,$\tan b = -c = -k_0\lambda/\lambda c$ であるから,

$$\tan\Delta\theta = \tan(-2b) = \frac{-2\tan b}{1-\tan^2 b} = \frac{2k_0\lambda/\lambda_c}{1-k_0^2\lambda^2/\lambda c^2} = \frac{2k_0\lambda/(\sqrt{3}\lambda c)}{1-\lambda^2/(3\lambda c^2)}$$

となる。よって,位相遅れは次式となる。

$$\Delta\theta = \tan^{-1}\left\{\frac{2k_0\lambda/(\sqrt{3}\lambda c)}{1-\lambda^2/(3\lambda c^2)}\right\} \tag{3.22}$$

4. スプラインフィルタ

　本章ではエンド効果対策に有効なスプラインフィルタ（spline filter：SF）について述べる。まず点群の補間と近似に有効なスプライン関数について述べる。続いて，SF の理論や計算式を紹介し，最後にエンド効果への有効性を検証する。

4.1　スプライン関数

4.1.1　点群の補間

　図 4.1 のような点群 $p_0, p_1, \ldots, p_7$ を補間することを考える。補間には高次多項式補間，sinc 関数補間，区分多項式によるスプライン補間などがある(図 4.2)。

1)　高次多項式補間

　N 個の点を $N\text{-}1$ 次多項式で補間するラグランジュ補間法，$2N\text{-}1$ 次多項式で補間するエルミートの補間法などがある。高次多項式の高次成分は振動を起しやすく，実用には不向きである。

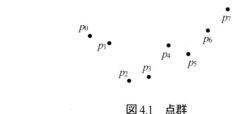

図 4.1　点群

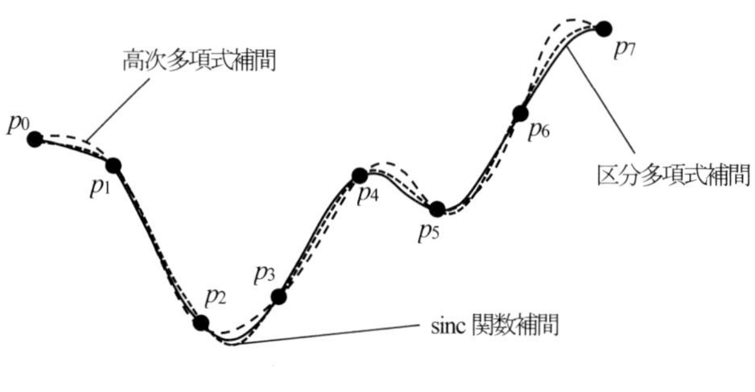

図 4.2　点群の補間

58

2) sinc 関数補間

N 個の点を sinc 関数，すなわち $\mathrm{sinc}\, x = \sin \pi x / \pi x$ で補間する。理想的な補間とされる。画像の補間でよく知られる bi-cubic 補間の cubic は，sinc 関数を近似した 3 次関数のことである。

N 個の点 p_n $(n=0, 1, 2, …, N\text{-}1)$ を sinc 関数で補間すると，図 4.3 のように N'個の点 p'_n $(n=0, 1, 2, …, N'\text{-}1)$ が得られる。なお m を 2 以上の整数として，$N'=mN$ とすると $p_n=p'_{mn}$ $(n=0, 1, 2, …, N'\text{-}1)$ が成立する。同図では $m=3$ とした。

ところで，実空間の sinc 関数は周波数空間では矩形関数になる。sinc 関数を実空間で畳み込むことは，矩形型ローパスフィルタを周波数空間で乗じることに等しい。よって，N'/N の幅の矩形関数を N 個の点 $p_n(n=0, 1, 2, …, N\text{-}1)$ の離散フーリエ変換（DFT）に乗じることで，それを離散フーリエ逆変換して N'個の点 p'_n $(n=0, 1, 2, …, N'\text{-}1)$ を得る。これをアップサンプリングという。

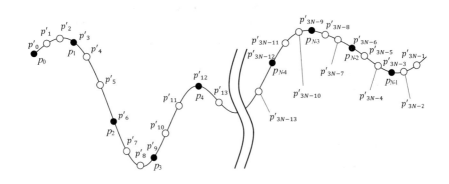

図 4.3　sinc 関数補間 （$N{\rightarrow}3N$）

【例題 4.1】　データ数 N の計測データをアップサンプリングにより N'（$N'>N$）個の計測データにする手順を示せ.

（**解**）　以下の手順で実施する。
　① データ数 N で DFT 実施
　② データ数 N の DFT をデータ数 N' の DFT にアップサンプリング
　　・具体的には N 個の DFT 成分はすべて残し，N-N' 個の高周波成分にすべて 0 を書き込む。
　　・N が偶数個の場合のみ，N 個の DFT 成分の最も高周波の成分を 2 分割して，N' 個の DFT 成分の該当箇所 2 ヵ所に振り分ける（2 分割で）。
　③ データ数 N' で離散フーリエ逆変換する。
　　・DFT の式によっては，N/N' を乗じてゲインを調整する必要がある。

4.1.2　スプライン補間

1) スプライン補間

　スプライン補間は，閉区間または開区間をいくつかの区間に分割し，比較的低次の m 次多項式をいくつもつないで点群を補間する。区間の境界（節点 : knot）では，異なる m 次多項式の m-1 次以下の微分係数が一致する。比較的低次（$m = 3$ がほとんど，まれに $m=2$）のため高次多項式で問題になる振動が生じない。また，区間全体にわたり曲線が滑らかである。

2) B スプライン補間

　スプライン補間は節点で m-1 次以下の微分係数を連続させなければならず，計算がめんどうである。このため，B スプライン基底関数と制御点（control point）との線形和の形式がよく用いられる。これを B スプライン補間という。図 4.4 に一例を示す。ここでは点群および制御点群が周期性をもつと仮定した。p_0 と p_1 の間の区間は，B スプライン基底関数のパラメータ t を $t=0$ から 1 まで変化させながら，制御点 q_0, q_1, q_2, q_3 との線形和を計算して得る。同様，p_k と p_{k+1} の間の区間は，B スプライン基底関数のパラメータ t を $t=0$ から 1 まで変化させながら，制御点 q_k, q_{k+1}, q_{k+2}, q_{k+3} との線形和を計算して得る。

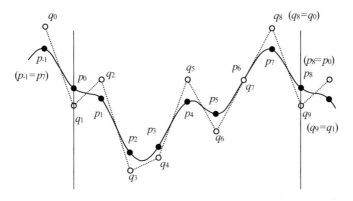

図 4.4　B スプライン補間 (*m*=3)

$$p_k(t) = \sum_{i=0}^{3} N_{i,4}(t)q_{k+i} \tag{4.1}$$

ここに,

$$\left.\begin{array}{l} N_{0,4}(t) = \frac{1}{6}(1-t)^3, \quad N_{1,4}(t) = \frac{1}{2}t^3 - t^2 + \frac{2}{3} \\[2mm] N_{2,4}(t) = \frac{1}{2}(1-t)^3 - (1-t)^2 + \frac{2}{3}, \quad N_{3,4}(t) = \frac{1}{6}t^3 \end{array}\right\} \tag{4.2}$$

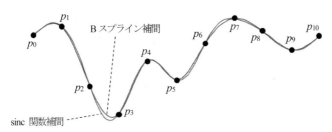

図 4.5　B スプライン補間と sinc 関数補間

図 4.5 で B スプライン関数補間による曲線と sinc 関数補間による曲線とを重ね合わせた。B スプライン補間曲線は sinc 関数補間曲線よりも凹凸が小さい。これは低次の多項式関数を用いることにより，高周波成分による振動がなくなるためである。

3) 自然スプライン補間

3 次自然スプライン $w(x)$ は，次式の曲げエネルギー ρ を最小化する補間関数である．

$$\rho = \int_{x_0}^{x_{N-1}} \{w''(x)\}^2 \, dx \tag{4.3}$$

ここで，節点の間隔を Δx として $x_i = x_0 + i\Delta x$ とする。

自然スプラインは最も滑らかな補間関数である。3 次自然スプライン補間を実現するには，両端点 x_0 と x_{N-1} で 2 次微分が 0 になるようにする。これを自然境界条件という。

4.1.3　スプライン近似

スプライン補間は与えられた点群をなめらかに補間する曲線を求めるが，スプライン近似は与えられた点群をなめらかに近似する曲線を求める。

1)　B スプライン近似

周期性をもつ N 個の点群を N' 個（$N > N'$）の点群にダウンサンプリング（アップサンプリングの逆の操作）し，N 個の点群を B スプライン補間すれば，そのなめらかな曲線は元の N 個の点群を近似する曲線になる（図 4.6）。

N' と曲線のなめらかさにはどのような関係があるだろうか。N' を小さくするとより滑らかな曲線が得られる。これは高周波成分がカットされるためである。

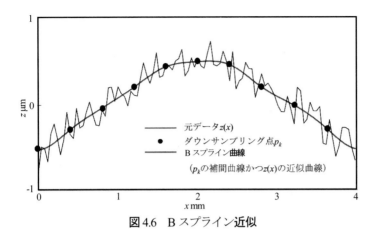

図4.6　Bスプライン近似

【例題 4.2】　データ数 N の計測データを 3 次 B スプライン曲線で近似せよ。ただしダウンサンプリングで N'（$N'<N$）個データにした上で，3 次 B スプライン曲線で補間すること。以上を周波数空間で実施する手順を示せ。

（解）　以下の手順で実施する。

① データ数 $N \to N'$ で DFT（ダウンサンプリング）実施

② 周波数空間で DFT に次式を乗じる。

$$B_3(u_n) = \frac{3\exp(-j2\pi u_n)}{2 + \cos(2\pi u_n)} \tag{4.4}$$

$B_3(u_n)$ は3次Bスプライン曲線の制御点を周波数空間で求めるための係数である[13]。

③ データ数 N' で離散フーリエ逆変換実施

得られたデータはダウンサンプリング点 p'_k を補間する 3 次 B スプライン曲線の制御点である。

③ 制御点が 3 つ足りないので増やす。

周期性から $q_N = q_0$，　$q_{N+1} = q_1$，　$q_{N+2} = q_2$，

④ データ数 N を N' のブロックに分け，$t = 0 \sim 1$ の範囲でパラメータを設定する。

⑤ 式(4.1),(4.2)を用いて N 個の点 $p_k(t)$ を計算する。

2) 平滑化スプライン近似

3次の平滑化スプラインは，次式の ε を最小にする $w(x)$ である。ただし $z_i=z(x_i)$ を与えられたデータ，フィルタ出力を $w_i = w(x_i)$ とする[14][15]。

$$\varepsilon = \sum_{i=0}^{N-1}(w_i - z_i)^2 + \mu\int_{x_0}^{x_{N-1}}\{w''(x)\}^2 dx \tag{4.5}$$

ここに，μ は平滑化パラメータである。図4.7に示すように，$\mu=0$ で平滑化スプラインはデータ点を補間し，μ を大きくするにつれ平滑化の度合いが大きくなり，$\mu \to \infty$ の極限では平均値に一致する．平滑化スプラインは自然スプラインである。

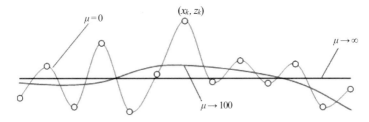

図4.7　平滑化スプライン

4.2　スプラインフィルタ

4.2.1　スプラインフィルタの理論

(4.5) 式を離散化して次式を得る。ここに，Δx を離散化間隔とする。

$$E(w_0, ..., w_{N-1}) = \sum_{i=0}^{N-1}(w_i - z_i)^2 + \frac{\mu}{\Delta x^3}\sum_{i=0}^{N-1}(\nabla^2 w_i)^2 \tag{4.6}$$

ここで E が最小となる w_i を計算するため w_k で偏微分する。

$$\frac{\partial E}{\partial w_k} = 2\sum_{i=0}^{N-1}\left[(w_i - z_i)\left\{\frac{\partial}{\partial w_k}(w_i - z_i)\right\}\right] + \frac{2\mu}{\Delta x^3}\sum_{i=0}^{N-1}\left\{\nabla^2 w_i\left(\frac{\partial}{\partial w_k}\nabla^2 w_i\right)\right\}$$

$$= 2(w_k - z_k) + \frac{2\mu}{\Delta x^3}\sum_{i=0}^{N-1}\left\{\nabla^2 w_i\left(\frac{\partial}{\partial w_k}\nabla^2 w_i\right)\right\} = 0 \tag{4.7}$$

64

ここに，2次微分演算子 $\nabla^2 w_i = w_{i+1} - 2w_i + w_{i-1}$ である。

$$(4.8)$$

1) 非周期自然スプラインの場合

w_i が非周期の自然スプラインであるとすると自然境界条件より，

$$\nabla^2 w_0 = \nabla^2 w_{N-1} = 0$$

$$(4.9)$$

が成立する。よって式 (4.7)は以下のようになる。

・$k=0$ のとき，

$$(w_0 - z_0) + \frac{\mu}{\Delta x^3} \sum_{i=0}^{N-1} \left\{ \nabla^2 w_i \left(\frac{\partial}{\partial w_0} \nabla^2 w_i \right) \right\} = 0$$

ここで，$\nabla^2 w_0 = 0,\ \nabla^2 w_1 = w_2 - 2w_1 + w_0$ であるから，

$$(w_0 - z_0) + \frac{\mu}{\Delta x^3} \nabla^2 w_1 = (w_0 - z_0) + \frac{\mu}{\Delta x^3}(w_2 - 2w_1 + w_0) = 0$$

・同様に，$k=1$ のとき，

$$(w_1 - z_1) + \frac{\mu}{\Delta x^3}(w_3 - 4w_2 + 5w_1 - 2w_0) = 0$$

・$k=2,\dots,N\text{-}3$ のとき，

$$(w_k - z_k) + \frac{\mu}{\Delta x^3}(w_{k+2} - 4w_{k+1} + 6w_k - 4w_{k-1} + w_{k-2}) = 0$$

・$k=N\text{-}2$ のとき，

$$(w_{N-2} - z_{N-2}) + \frac{\mu}{\Delta x^3}(-2w_{N-1} + 5w_{N-2} - 4w_{N-3} + w_{N-4}) = 0$$

・$k=N\text{-}1$ のとき，

$$(w_{N-1} - z_{N-1}) + \frac{\mu}{\Delta x^3}(w_{N-1} - 2w_{N-2} + w_{N-3}) = 0$$

となる。まとめると次式になる。

$$
\begin{pmatrix} w_0 \\ w_1 \\ w_2 \\ \vdots \\ w_k \\ \vdots \\ w_{N-3} \\ w_{N-2} \\ w_{N-1} \end{pmatrix}
+ \frac{\mu}{\Delta x^3}
\begin{pmatrix}
1 & -2 & 1 & & & & & & \\
-2 & 5 & -4 & 1 & & & & & \\
1 & -4 & 6 & -4 & 1 & & & & \\
 & \ddots & \ddots & \ddots & \ddots & \ddots & & & \\
 & & 1 & -4 & 6 & -4 & 1 & & \\
 & & & \ddots & \ddots & \ddots & \ddots & \ddots & \\
 & & & & 1 & -4 & 6 & -4 & 1 \\
 & & & & & 1 & -4 & 5 & -2 \\
 & & & & & & 1 & -2 & 1
\end{pmatrix}
\begin{pmatrix} w_0 \\ w_1 \\ w_2 \\ \vdots \\ w_k \\ \vdots \\ w_{N-3} \\ w_{N-2} \\ w_{N-1} \end{pmatrix}
=
\begin{pmatrix} z_0 \\ z_1 \\ z_2 \\ \vdots \\ z_k \\ \vdots \\ z_{N-3} \\ z_{N-2} \\ z_{N-1} \end{pmatrix}
$$

ここで，出力データ $W = (w_0 \, w_1 \, \dots \, w_{N-1})^\mathrm{T}$，入力データ $Z = (z_0 \, z_1 \, \dots \, z_{N-1})^\mathrm{T}$，平滑化係数 $a = \frac{\mu}{\Delta x^3}$，単位行列 I，

$$
\text{係数行列} \quad Q = \begin{pmatrix}
1 & -2 & 1 & & & & & & \\
-2 & 5 & -4 & 1 & & & & & \\
1 & -4 & 6 & -4 & 1 & & & & \\
 & \ddots & \ddots & \ddots & \ddots & \ddots & & & \\
 & & 1 & -4 & 6 & -4 & 1 & & \\
 & & & \ddots & \ddots & \ddots & \ddots & \ddots & \\
 & & & & 1 & -4 & 6 & -4 & 1 \\
 & & & & & 1 & -4 & 5 & -2 \\
 & & & & & & 1 & -2 & 1
\end{pmatrix}
$$

とおくと，次式が得られる。Q は 3 次スプラインの係数行列である。

$$(I + aQ)W = Z \tag{4.10}$$

2) 周期自然スプラインの場合

w_i が周期の自然スプラインであるとすると，次式が成立する。

$$w_i = w_{N+i} \quad (i = 0,1,\cdots,N-1) \tag{4.11}$$

式 (4.9) を (4.11) に入れ替えて，同様に式 (4.7) から，$k = 0,\dots,N$-1 のとき，

$$(w_k - z_k) + \frac{\mu}{\Delta x^3}(w_{k+2} - 4w_{k+1} + 6w_k - 4w_{k-1} + w_{k-2}) = 0 \tag{4.12}$$

となる。これを解くとやはり式 (4.10) が得られるものの，係数行列 Q だけは次式 $\widetilde{Q}$ への変更が必要である。

$$
\text{係数行列} \quad \widetilde{Q} = \begin{pmatrix}
6 & -4 & 1 & & & & & 1 & -4 \\
-4 & 6 & -4 & 1 & & & & & 1 \\
1 & -4 & 6 & -4 & 1 & & & & \\
 & \ddots & \ddots & \ddots & \ddots & \ddots & & & \\
 & & 1 & -4 & 6 & -4 & 1 & & \\
 & & & \ddots & \ddots & \ddots & \ddots & \ddots & \\
 & & & & 1 & -4 & 6 & -4 & 1 \\
1 & & & & & 1 & -4 & 6 & -4 \\
-4 & 1 & & & & & 1 & -4 & 6
\end{pmatrix}
$$

よって，式 (4.10) は次式となる。

$$(I + a\widetilde{Q})\widetilde{W} = \widetilde{Z} \tag{4.13}$$

ここに，$\widetilde{Z}$ は周期性をもつ入力行列，$\widetilde{W}$ は周期性をもつ出力行列である。

4.2.2　スプラインフィルタの計算式

ISO 16610-22 [16]で定める SF の計算式は次式である（詳細は付録 A.1 参照）。

$$[I + \beta\alpha^2 P + (1 - \beta)\alpha^4 Q]W = Z \tag{4.14}$$

ここに，I は $N{\times}N$ の単位行列，

出力データ $W = (w_0\ w_1\ \ldots\ w_{N-1})^{\mathrm{T}}$

入力データ $Z = (z_0\ z_1\ \ldots\ z_{N-1})^{\mathrm{T}}$

$$\alpha = \frac{1}{2\sin\dfrac{\pi\Delta x}{\lambda c}} \quad \text{and } 0 \leq \beta \leq 1$$

Δx : サンプリング間隔（sampling interval）

λc : カットオフ波長（limiting wavelength of the profile filter）

$$P = \begin{pmatrix} 1 & -1 & & & & & \\ -1 & 2 & -1 & & & & \\ & -1 & 2 & -1 & & & \\ & & \ddots & \ddots & \ddots & & \\ & & & -1 & 2 & -1 & \\ & & & & -1 & 2 & -1 \\ & & & & & -1 & 1 \end{pmatrix} \quad Q = \begin{pmatrix} 1 & -2 & 1 & & & & & \\ -2 & 5 & -4 & 1 & & & & \\ 1 & -4 & 6 & -4 & 1 & & & \\ & \ddots & \ddots & \ddots & \ddots & \ddots & & \\ & & 1 & -4 & 6 & -4 & 1 & \\ & & & 1 & -4 & 5 & -2 & \\ & & & & 1 & -2 & 1 & \end{pmatrix}$$

である。SF を実装する場合は，式 (4.14) でテンションパラメータ（スプラインに張力を付加し制御性を改善するパラメータ[17]）を $\beta \to 0$, $\alpha^4 \to a$ とした次式がよく使われる。これは式 (4.10) に他ならない。式(4.10) にテンションパラメータ β および 1 次スプラインの係数行列 P を追加し，一般化した式が(4.14)である。なお，P, Q は非周期スプライン用係数行列である（付録 A.3 参照）。

入力データが周期性をもつ場合は，周期 SF が使える。

$$\big[I + \beta\alpha^2 \widetilde{P} + (1 - \beta)\alpha^4 \widetilde{Q}\big]\widetilde{W} = \widetilde{Z} \tag{4.15}$$

ここに，I は $N{\times}N$ の単位行列，

出力データ $\widetilde{W} = (w_0\ w_1\ \ldots\ w_{N-1})^{\mathrm{T}}$

入力データ $\widetilde{Z} = (z_0\ z_1\ \ldots\ z_{N-1})^{\mathrm{T}}$

$$\alpha = \frac{1}{2\sin\dfrac{\pi\Delta x}{\lambda c}} \quad \text{and } 0 \leq \beta \leq 1$$

Δx：サンプリング間隔（sampling interval）

λc：カットオフ波長（limiting wavelength of the profile filter）

$$\widetilde{P} = \begin{pmatrix} 2 & -1 & & & & & -1 \\ -1 & 2 & -1 & & & & \\ & -1 & 2 & -1 & & & \\ & & \ddots & \ddots & \ddots & & \\ & & & -1 & 2 & -1 & \\ & & & & -1 & 2 & -1 \\ -1 & & & & & -1 & 2 \end{pmatrix} \qquad \widetilde{Q} = \begin{pmatrix} 6 & -4 & 1 & & & 1 & -4 \\ -4 & 6 & -4 & 1 & & & 1 \\ 1 & -4 & 6 & -4 & 1 & & \\ & \ddots & \ddots & \ddots & \ddots & \ddots & \\ & & 1 & -4 & 6 & -4 & 1 \\ 1 & & & 1 & -4 & 6 & -4 \\ -4 & 1 & & & 1 & -4 & 6 \end{pmatrix}$$

である。

　周期 SF を実装する場合は，式（4.15）で $\beta \to 0$, $\alpha^4 \to a$ として得られる式(4.13)がよく使われる。式(4.13) を一般化した式が(4.15)である。

　式(4.15)は次式のように変形して出力 $\widetilde{W}$ を得る。右辺の逆行列はガウスの消去法やLU 分解法などで計算できる。式(4.14)も同様である。

$$\widetilde{W} = \left[I + \beta\alpha^2\widetilde{P} + (1 - \beta)\alpha^4\widetilde{Q} \right]^{-1}\widetilde{Z} \tag{4.16}$$

4.2.3　スプラインフィルタの振幅伝達率

SF の重み関数を s_k，入力データを z_i, 出力データを w_i とすると次式が成立する（付録 A.2 参照）。

$$w_k = (z * s)_k \qquad (k = 0, 1, \cdots, N - 1) \tag{4.17}$$

SF の振幅伝達率 $S(u)$ は SF の重み関数のフーリエ変換（FT）であるから，s_k を FT すればよい。なお，s_k は離散化されているので離散フーリエ変換 (DFT) を使う。DFT はデータ数 N の周期性を要請する。一方で SF には周期型と非周期型がある。

　周期型であれば出力 w_k は式 (4.11)となり，DFT と相性がよい。

$$z_k = z_{N+k} \qquad (k = 0,1,\cdots,N-1) \tag{4.18}$$

上式を DFT して次式を得る。

$$W(u_k) = S(u_k)Z(u_k) \qquad (k = 0,1,\cdots,N-1) \tag{4.19}$$

ここに，$W(u_k), S(u_k), Z(u_k)$ はそれぞれ w_k, s_k, z_k の DFT である。また，空間周波数 $u_k = 1/\Delta x$ である。

次に，平滑化スプラインの定義式を微分して得られた式 (4.12)を変形して次式を得る。ここに，4 次微分演算子が $\nabla^4 w_k = w_{k+2} - 4w_{k+1} + 6w_k - 4w_{k-1} + w_{k-2}$ である。

$$(w_k - z_k) + \frac{\mu}{\Delta x^3}\nabla^4 w_k = 0 \tag{4.20}$$

式 (4.20)を DFT すると次式が得られる[18]。

$$-Z(u_k) + W(u_k) + \frac{\mu}{\Delta x^3}D^4(z)W(u_k) = 0 \tag{4.21}$$

ここに，$D^4(z)$ は ∇^4 の Z 変換で与えられ，

$$D^4(z) = (z - 2 + z^{-1})^2 = (-4\sin^2\pi u_k)^2$$

である[19]。

式 (4.21)に式 (4.19)を代入すると次式が得られる。

$$-Z(u_k) + S(u_k)Z(u_k) + \frac{\mu}{\Delta x^3}D^4(z)S(u_k)Z(u_k) = 0 \tag{4.22}$$

これに式(4.21) を代入することにより次式となる。

$$S(u_k) = \left(1 + \frac{\mu}{\Delta x^3}D^4(z)\right)^{-1} = \left(1 + \frac{16\mu}{\Delta x^3}\sin^4\pi u_k\right)^{-1} \tag{4.23}$$

平滑化パラメータ μ は式 (4.23)で，カットオフ波長 λc のとき $S(u_\mathrm{c}) = 0.5$ でなければならない。ここに u_c はカットオフ周波数で，$u_\mathrm{c} = 1/\lambda$c である。この条件を解いて平滑化パラメータ μ が求められる。

$$\mu = \frac{\Delta x^3}{16\sin^4 \pi u_c} \tag{4.24}$$

これを式 (4.23)に代入し，振幅伝達特性を得る。

$$S(u_k) = \left\{1 + \left(\frac{\sin\pi u_k}{\sin\pi u_c}\right)^4\right\}^{-1} \tag{4.25}$$

なお，上式では振幅伝達特性が離散値で与えられているが，離散的周波数 u_k を連続周波数 u に変えることにより，連続値の振幅伝達特性 $S(u)$ が得られる。

$$S(u) = \left\{1 + \left(\frac{\sin\pi u}{\sin\pi u_c}\right)^4\right\}^{-1} \tag{4.26}$$

SF の演算式(4.10)と(4.13)で使う平滑化係数は次式となる。

$$a = \frac{\mu}{\Delta x^3} = \frac{1}{16\sin^4(\pi u_c)} \tag{4.27}$$

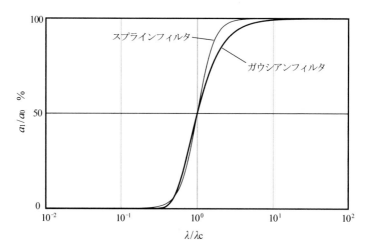

図4.8　スプラインフィルタの振幅伝達特性

なお，式 (4.26) が成立するのは，周期スプラインの場合のみである。

図 4.8 に SF の振幅伝達特性とガウシアンフィルタ（GF）の振幅伝達特性を示

70

す。GF に比べて SF の遮断特性は急峻である。

ISO 16610-22 で定める SF の振幅伝達特性は次式である※。

※　ISO 16610-22 [16] の式(8)と下式(4.28)は同じであるが, 右辺の $\beta\alpha^2$ を $4\beta\alpha^2$ とするのが正しい (付録 A.2 で詳説)。

$$\frac{a_1}{a_0} = \left[1 + \beta\alpha^2 \sin^2 \frac{\pi\Delta x}{\lambda} + 16(1-\beta)\alpha^4 \sin^4 \frac{\pi\Delta x}{\lambda}\right]^{-1} \tag{4.28}$$

式(4.26)は式(4.28)で $\beta \to 0,\ \alpha^4 \to a$ とした場合に等しい。

4.2.4　スプラインフィルタの重み関数

SF は式(4.16)に示すように逆行列を解いて出力を得る。通常はフィルタの重み関数を意識することはない。それでは式(4.17)で振幅伝達率を計算するために定義した重み関数 $s(x)$ はどのような関数であろうか。$s(x)$ を FT して式(4.26)に示す振幅伝達率が得られるのであるから, これをフーリエ逆変換すればよい。次式はこの重み関数 $s(x)$ のよい近似式である。(付録 B.1 参照)

$$s(x) \approx \frac{\pi}{\lambda c} \sin\left(\sqrt{2}\,\frac{\pi}{\lambda c}|x| + \frac{\pi}{4}\right) \exp\left\{-\sqrt{2}\,\frac{\pi}{\lambda c}|x|\right\} \tag{4.29}$$

この近似式は SF の計算式(4.15)において $\beta \to 0$ とした場合で, Δx が十分に小さいときに成立する。

図4.9 に示すようにフィルタの幅が λc に相当する区間の両端で関数値が 0.0458 となり, GF の 0.0606 よりは 0 に近い。一方で, $\pm 0.7\lambda c$ あたりで 0.096 程度の誤差が生じる。GF の場合は 0.002 と急速に減衰しているのとは対照的である。よってカットオフ波長 λc 幅のフィルタだと実用化に適さない。また, 測定長さ L (±2.5λc 幅) の両端では GF だとほぼ 0 ($\approx 4.78 \times 10^{-39}$) になるが, スプラインフィルタでは -2.94×10^{-5} と極めて収束が遅い。

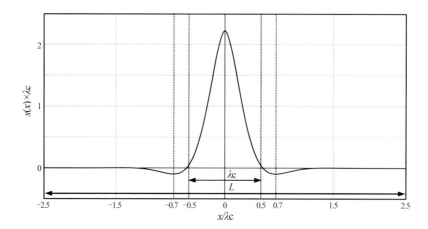

図4.9　スプラインフィルタの重み関数

4.2.5　高次スプラインフィルタ

SF は断面曲線 z_k を 3 次平滑化スプラインにあてはめて平均線を得る。$2m$-1 次の平滑化スプラインは次式を最小にする w_k になる。

$$\varepsilon = \sum_{i=0}^{N-1} (w_i - z_i)^2 + \mu \int_{x_0}^{x_{N-1}} \left\{ w^{(m)}(x) \right\}^2 dx \tag{4.30}$$

$2m$-1 次の平滑化スプラインは $2m$-1 次の自然スプライン，すなわち最もなめらかな曲線である。$m=2$ の場合が 3 次平滑化スプラインを用いた SF の出力で，式(4.5)に示したとおりである。$m \geq 3$ の場合の $2m$-1 次平滑化スプラインが出力となるようなローパスフィルタを高次 SF という[19]。

　振幅伝達率を計算するには，(4.30) 式を離散化して次式を得る。

$$E(w_0, \dots, w_{N-1}) = \sum_{i=0}^{N-1} (w_i - z_i)^2 + \frac{\mu}{\Delta x^{2m-1}} \sum_{i=0}^{N-1} (\nabla^m w_i)^2 \tag{4.31}$$

ここで E が最小となる w_i を計算するため w_k で偏微分する。

$$\frac{\partial E}{\partial w_k} = 2(w_k - z_k) + \frac{2\mu}{\Delta x^{2m-1}} \nabla^{2m} w_k = 0 \tag{4.32}$$

$z(x_i)$ の DFT は $W(u_k) = S(u_k)Z(u_k)$ であるから，式(4.32)を DFT して次式を得る。

$$-Z(u_k) + S(u_k)Z(u_k) + \frac{2\mu}{\Delta x^{2m-1}}D^{2m}(z)S(u_k)Z(u_k) = 0 \tag{4.33}$$

ここに，$D^{2m}(z)$ は ∇^{2m} の Z 変換で $D^{2m}(z) = (z-2+z^{-1})^m = (-4\sin^2\pi u_k)^m$ である[18]。式(4.33)に $D^{2m}(z) = (-4\sin^2\pi u_k)^m$ を代入し，$S(u_c) = 0.5$ を使えば振幅伝達特性を次式で計算できる。これは，式(4.26)の拡張版となっていることがわかる。

$$S(u) = \left\{1 + \left(\frac{\sin\pi u}{\sin\pi u_c}\right)^{2m}\right\}^{-1} \tag{4.34}$$

図 4.10 に示すように，振幅伝達特性は SF より急峻である。$m \to +\infty$ とした場合の遮断特性は，カットオフ波長 λc で垂直になる。

これに対し，1 次，3 次，…，$2m$-1 次の平滑化スプラインのカスケード接続で平均線を表現する高次 SF がある。定義式は式(4.30)の拡張版である。

$$\varepsilon = \sum_{i=0}^{N-1}(w_i - z_i)^2 + \int_{x_0}^{x_{N-1}}\sum_{k=1}^{m}\mu_k\{w^{(k)}(x)\}^2 dx \tag{4.35}$$

m =10 すなわち 19 次までの高次平滑化スプラインのカスケード接続を行えば，GF とほぼ同じ出力が得られる[20]。

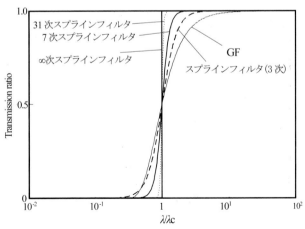

図 4.10　高次スプラインフィルタの振幅伝達特性

73

4.3 エンド効果の検証

4.3.1 エンド効果の指標 1

図 4.11(a) に示すように GF ではデータの両端 $\lambda c/2$ の区間でエンド効果が発生する。当然ながら，周期 SF は円柱の 1 周のような周期測定データにしか用いてはならない．周期 SF を図 4.11(a) のような非周期データに適用すると，エンド効果が発生する※。これに対し，非周期 SF では図 4.11(b) に示すようにエンド効果は発生しない。※ 周期 SF は入力データが周期的に繰り返すと仮定して処理を行うため。

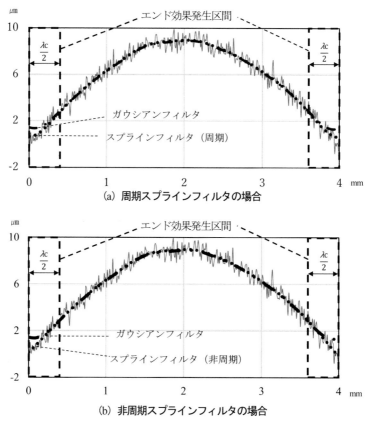

(a) 周期スプラインフィルタの場合

(b) 非周期スプラインフィルタの場合

図 4.11　エンド効果の検証 1

文献[21]の手法を参考に，以下のエンド効果の指標を作った。E_1 はエンド効果発生区間における元データ $z(x)$ と出力 $w(x)$ との RMSE (root mean-square error)，E_2 はエンド効果の発生しない区間における元データ $z(x)$ と出力 $w(x)$ との RMSE である。

$$E_1 = \sqrt{\frac{1}{2r}\left\{\sum_{i=0}^{r-1}(w(i)-z(i))^2 + \sum_{i=N-r}^{N-1}(w(i)-z(i))^2\right\}} \tag{4.36}$$

$$E_2 = \sqrt{\frac{1}{N-2r}\left\{\sum_{i=r}^{N-r-1}(w(i)-z(i))^2\right\}} \tag{4.37}$$

ここに r は $\lambda_c/2$ に対応するデータ数，N は測定長さ L に対応する全データ数である。E_1 と E_2 から新たなエンド効果指数 E_R も定義できる。表 4.1 のように，GF では指数 E_R が 0.526 であるのに対し SF は 0 である。

$$E_R = \begin{cases} \dfrac{E_1 - E_2}{E_2} & \text{if } E_1 - E_2 \geq 0 \\[2mm] 0 & \text{otherwise} \end{cases} \tag{4.38}$$

図 4.12 に SF（非周期）の出力と GF の出力の差の絶対値を，断面曲線 $z(x)$ の PV (peak to valley) 値に対する対数（log10）値で示した。2 つのフィルタの PV 値に対する差は安定して $10^{-2.5}$ 前後であるが，測定区間の両端近傍では大きく崩れている。しかし，図 4.12 のエンド効果発生区間（破線円内）で 2 つの出力誤差が一瞬小さくなっている（PV 値に対し 10^{-3} 以下）。これは，両フィルタの差の符号が逆へと変化する箇所のためであり，エンド効果が解消されたのではなく，むしろ GF 出力のエンド効果が徐々に大きくなっていくことを示すサインである。

表 4.1　エンド効果の比較

	E_1	E_2	E_R
GF	0.741	0.486	0.526
SF（周期）	0.526	0.485	0.086
SF（非周期）	0.484	0.487	0

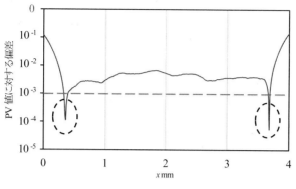

図4.12 エンド効果の検証2

4.3.2 エンド効果の指標2

4.3.1でエンド効果の指標1を定めた。これは元データ$z(x)$と出力$w(x)$との2乗誤差で扱うものであった。この指標では出力の滑らかさが考慮されていないため，極端な例では元データと同値の出力が一致した場合は2乗誤差が0になってしまう。

1) 平滑化スプラインの式

SFは3次の平滑化スプラインを出力として求める手法である。この出力は以下のεを最小にする。

$$\varepsilon = \sum_{i=0}^{N-1}(w_i - z_i)^2 + \mu \int_{x_0}^{x_{N-1}} \{w''(x)\}^2 dx \tag{4.5}再掲}$$

エンド効果を抑えるためには特に区間の両端近傍のフィルタ幅の半分の区間で，式(4.5)を成立させればよい。この指標には，入力と出力の2乗誤差だけでなく，なめらかさの指標として曲げエネルギー（出力の2次微分の2乗の積分値）が加わっている。

式(4.5)をベースに，4.3.1のエンド効果の指標E_1，E_2，E_Rに対応する新たな指標2を，次式で定義する[22]。

$$\varepsilon_1 = \sqrt{\frac{1}{2r}\left\{\sum_{i=0}^{r-1}\left(w(i)-z(i)\right)^2 + \mu \int_{x_0}^{x_{r-1}} w''(x)^2 dx + \sum_{i=N-r}^{N-1}\left(w(i)-z(i)\right)^2 + \mu \int_{x_{N-r}}^{x_{N-1}} w''(x)^2 dx \right\}} \tag{4.39}$$

$$\varepsilon_2 = \sqrt{\frac{1}{N-2r}\left\{\sum_{i=r}^{N-r-1}(w(i)-z(i))^2 + \mu\int_{x_r}^{x_{N-r-1}} w''(x)^2 dx\right\}} \tag{4.40}$$

$$\varepsilon_R = \begin{cases} \dfrac{\varepsilon_1 - \varepsilon_2}{\varepsilon_2} & \text{if} \quad \varepsilon_2 - \varepsilon_s \geq 0 \\[2ex] 0 & \text{otherwise} \end{cases} \tag{4.41}$$

ここに,

$$\int_{x_{k1}}^{x_{k2}} w''(x)^2 dx = \sum_{i=k1}^{k2}(w(i+1)-2w(i)+w(i-1))^2 \quad \text{である[22]}。$$

また, r はエンド効果の発生する区間幅 $\lambda c/2$ に相当するデータ数で $N/10$ に等しい。

表4.2　エンド効果の比較2（指標2：2乗誤差＋曲げエネルギー）

	ε_1	ε_2	ε_R
GF	0.844	0.498	0.695
SF（周期）	0.641	0.493	0.299
SF（非周期）	0.489	0.491	0

　図4.11の断面曲線 $z(x)$ を用いて, GF（データは周期）, SF（周期）, SF（非周期）で指標2を計算した。

　SF（非周期）では指標1でも指標2でも, エンド効果が小さいことがわかった（E_R=0, ε_R=0）。意外なのはGFの指標 ε_2 がSF（周期, 非周期とも）と遜色ない結果を出したことであった。指標 E_2 でも同様であることから, GF（エンド効果のある区間を除く）の曲げエネルギーはSFの曲げエネルギーと同等であると考えられる（表4.2）。

　SFの出力である平滑化スプラインは自然スプラインなので最も滑らかな補間関数, すなわち滑らかな曲線である。しかし, 上記表2の結果からすると, GFの出力（エンド効果の生じる区間を除く）も最も滑らかな曲線に近い。この理由を考察すると以下となる。SFの出力である3次平滑化スプラインは3次自然スプラインなので, 3次多項式の中では最もなめらかである。GFの出力である平均線は

3次を超える高次の成分も含むので，3次多項式の中には含まれない。即ち，3次多項式を超える次数の多項式の中には曲げエネルギーをより小さくする曲線もありえるということである。

5. ロバストフィルタ

　従来のガウシアンフィルタ（GF）やスプラインフィルタ（SF）では，測定時に塵や埃が乗っていた場合等に生じるスパイクノイズや急激な形状成分の変化等の不連続面があると，うねり・形状成分を正確に抽出できない。ISO では近年，外れ値（異常値：outlier）や，特別な機能をもたせるために創製された特殊な表面凹凸にも対応できるロバストフィルタの制定が進められている。

　これまでのロバストフィルタのアプローチ方法は，従来のフィルタ出力と断面曲線との偏差を求め，偏差の大きいほど重みが小さくなるようにして再度フィルタ出力を計算，新たな偏差に応じて重みを変更しフィルタ出力を再計算する繰り返し演算方式（図 5.1）が一般的である。

　ロバストフィルタの基本方針規格である ISO 16610-30: 2015 では，ロバスト性が必要な例として図 5.2 のようなスパイク（spike）やステップ（step：段差），スロープ（slope：変曲点を含む傾斜）の 3 種が挙げられている[23]。スパイクは計測時に塵や埃が乗った場合や，光学式測定器ではスペックルによって生じる局所的な外れ値である．従来のフィルタではスパイクが含まれると平均線がスパイクに引っ張られ，うねり・形状成分を正確に抽出できなくなる。また，ステップやスロープでは，従来のフィルタではその形状の変化点において平均線がなまってしまい，同様にうねり・形状成分を抽出できなくなる[24]。

　本章では ISO に絡めて，回帰型ロバスト GF，回帰 L_1 ノルム型ロバスト SF，回帰 L_2 ノルム型ロバスト SF について紹介する。

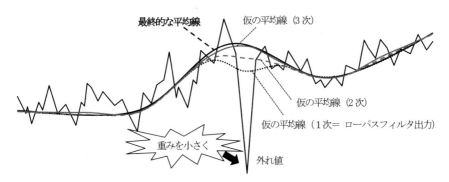

図 5.1　一般的なロバストフィルタの概念図

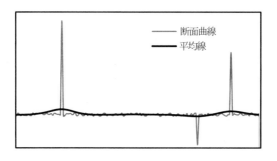

（a）スパイク（spike）

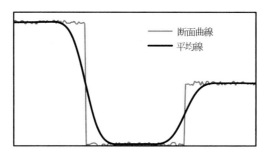

（b）ステップ（step）

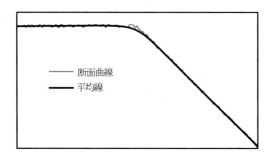

（c）スロープ（slope）

図 5.2　ISO 16610-30 で示されたロバスト性が求められる 3 種の例と従来のフィルタ出力

80

5.1 ロバストガウシアンフィルタ

5.1.1 回帰型ロバストガウシアンフィルタの理論

回帰型ロバスト GF（GRF: Gaussian regression filter）は次式で与えられる[25]。関数 $\rho(z)$ を M 推定法の損失関数とする。

$$\varepsilon_k = \sum_{i=0}^{N-1} \rho(z_i - w_k) s(x_{k-i}) \rightarrow \text{Min} \tag{5.1}$$

$s(x)$ は GF の重み関数で，$\rho(z) = z^2/\sigma^2$ であれば，次式となる。

$$\varepsilon_k = \sum_{i=0}^{N-1} \frac{(z_i - w_k)^2}{\sigma^2} s(x_{k-i}) \rightarrow \text{Min} \tag{5.2}$$

この解は次式のフィルタ演算結果，すなわちローパスフィルタの出力に一致する。

$$w_k = \sum_{i=0}^{N-1} z_i \cdot s(x_{k-i}) \tag{5.3}$$

一方，$\rho(z)$ が 2 次関数でない場合には，式(5.1)から解析的に w_k を計算することはできない。

M 推定量を与えるよく知られた評価関数に Tukey の Beaton 関数がある。

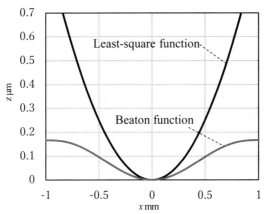

図 5.3　Beaton 関数と最小 2 乗法の損失関数との比較

$$\rho(z) = \frac{C^2}{6}\left(1 - \left(1 - \left(\frac{z}{C}\right)^2\right)^3\right) \qquad \text{for } |z| \leq |C|$$

$$\rho(z) = \frac{C^2}{6} \qquad\qquad\qquad \text{otherwise} \tag{5.4}$$

　この Beaton 関数は，図 5.3 に示すように，最小 2 乗法の損失関数が $\rho(z) = z^2/\sigma^2$ であった場合と，|z|の小さい領域で近づけることができる。

　評価関数 $\rho(z)$ の微分が $\psi(z)$ 関数（影響関数）であり，それを z で割ると重み関数 $\delta(z)$ を得る。Tukey の Beaton 関数の ρ 関数において，その重み関数は式(5.5)のとおりである。

$$\delta(z) = \frac{\rho'(z)}{z} = \frac{\psi(z)}{z} = \left(1 - \left(\frac{z}{C}\right)^2\right)^2 \qquad \text{for } |z| \leq C$$

$$\delta(z) = 0 \qquad\qquad\qquad\qquad \text{otherwise} \tag{5.5}$$

　ρ 関数が Beaton 関数の損失関数だった場合，式 (5.1)は容易に解けないので次式のように変更する。

$$\varepsilon_k = \sum_{i=0}^{N-1} (z_i - w_k)^2 \delta(z_i - w_k) s(x_{k-i}) \rightarrow \text{Min} \tag{5.6}$$

　|z|の小さい領域では，$z^2\delta(z)$ と Beaton 関数の $\rho(z)$ 関数とはほぼ一致するので，この区間にデータのほとんどが入るように定数 C を選ぶことにより，式 (5.6)の解として次式を得る。

$$w_k = \sum_{i=0}^{N-1} z_i \cdot \delta_i \cdot s(x_{k-i}) \Big/ \sum_{i=0}^{N-1} \delta_i \cdot s(x_{k-i}) \tag{5.7}$$

　この式では，最初に $\delta_i = 1$ として平均線 w_k の初期値を計算し，その w_k を式 (5.7)を用いて $\delta(z_i - w_i)$ を更新，w_k も更新する。この計算を繰り返し，w_k が収束したら計算を打ち切る。

【例題 5.1】 式(5.2)の解が式(5.3)であることを示せ。

（**解**）式(5.2)を満足する出力 w_k を求めるには，w_k で ε_k を偏微分し 0 とする。

$$\frac{\partial \varepsilon_k}{\partial w_k} = 2 \sum_{i=0}^{N-1} \frac{(w_k - z_i)}{\sigma^2} s(x_{k-i}) = 0$$

これを解くと，次式が得られる。

$$w_k = \sum_{i=0}^{N-1} z_i \cdot s(x_{k-i}) \Bigg/ \sum_{i=0}^{N-1} s(x_{k-i})$$

ところで，1.6.2 で述べたようにフィルタの重み関数 $s(x)$ の総和は 1 である。よって上式の右辺の分母は 1 になる。よって，式(5.3)が得られる。

5.1.2　回帰型ロバストガウシアンフィルタのアルゴリズム

Step 1 : $i = 0, c_{\mathrm{B},i} = 10000$（大きな数）, $\delta_i(x) = 1$

Step 2 : データ $z(x)$ に対し，GF の重み関数 $s(x)$ を畳み込む。

$$w_i(x) = \frac{\int z(\xi)\,\delta_i(\xi)s(x-\xi)d\xi}{\int \delta_i(\xi)s(x-\xi)\,d\xi}$$

続いて，$c_{\mathrm{B},i} = 4.4\,\mathrm{med}\,(|z(x) - w_i(x)|)$ を計算※

※　med (*) はクイックソートを用いるとよい。データ数 N が偶数の場合は注意が必要。係数 4.4 は文献 [27] の式 8) 参照。$\Delta z(x) = w_i(x) - z(x)$ は N 個のデータに対して求めること。

データ数 N が奇数なら $c_{\mathrm{B},i}$ は 中央値×4.4

偶数なら中央に最も近い 2 つの値の平均値×4.4

Step 3 : $|c_{\mathrm{B},i} - c_{\mathrm{B},i+1}| < t$ か ？※

※　$i = 5$ くらいでループから抜けるような t を選ぶとよい。t は z 軸分解能に依存した，収束判定を決める定数で 0.001 等の小さな値。ISO 16610-31 では収束判定条件が明記されていない。

Yes: Step5 へ

No: Step4 へ

Step 4 : $i = i + 1$

重み関数更新

$$\delta_{i+1}(x) = \begin{cases} \left(1 - \left(\frac{\Delta z(x)}{c_{B,i}}\right)^2\right)^2 & \left|\frac{\Delta z(x)}{c_{B,i}}\right| < 1 \\ \\ 0 & \text{otherwise} \end{cases}$$

Step 2 へ

Step 5 : 終了

5.1.3 ISO の回帰型ロバストガウシアンフィルタ（ISO 16610-31: 2016）

2016 年に Gaussian regression filter: GRF として ISO 16610-31 になっている[26][27]。
ISO 16610-31 で示された，通常の粗さ面，スパイク，スロープに適用した例を図 5.4,
図 5.5, 図 5.6 に示す。なお，比較対象として示されている ISO 16610-21 は通常の GF
である[7]。なお，ISO16610-30 で示されたロバスト性が必要な 3 種の例のうち，ISO
1661-31 ではステップに対する例は示されていない．また，表面粗さ用のフィルタで
あるのに，スパイク，スロープに対する例は，粗さ成分は含まれてない。

1) 通常の粗さ面（セラミック表面）：GF の出力と異なる。

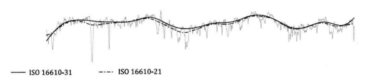

図 5.4　通常の粗さ面に対する例 ［ISO 16610-31:2016 [27] の p7 より転載］

2) スパイク：GF と異なりロバストにふるまう。

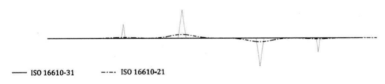

図 5.5　スパイクに対する例 ［ISO 16610-31:2016 [27] の p8 より転載］

3) スロープ：GF と同様の結果。

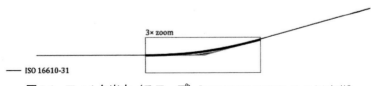

図 5.6　フィルタ出力（スロープ）［ISO 16610-31:2016 [27] の p9 より転載］

85

5.2 L₁ノルム型ロバストスプラインフィルタ

ISO で規格制定が進んでいたが，ISO/TS 16610-32:2009 の段階で廃案となり，現在規格は存在しない.

5.2.1 L₁ノルム型ロバストスプラインフィルタの理論

SF は次式の ε を最小にする $w(x)$ である。ただし $z_i = z(x_i)$ を入力，フィルタ出力を $w_i = w(x_i)$ とする。

$$\varepsilon = \sum_{i=0}^{N-1} (w_i - z_i)^2 + \mu \int_{x_0}^{x_{N-1}} \{w''(x)\}^2 dx \to \text{Min} \tag{5.8}$$

式 $(w_i\text{-}z_i)^2$ は L₂ ノルムであって，L₁ ノルムに比べてロバスト性が劣る[28]。そこでこの部分を L₁ ノルムへと変更する。仮の平均線 w_i が外れ値の影響を受けにくくなるような処理を m 回繰り返すことによって，ロバストな SF が実現可能となる。これを次式に示す。c は m 回の処理毎に更新する正規化定数である。

$$\varepsilon = \sum_{i=0}^{N-1} c|w_i - z_i| + \mu \int_{x_0}^{x_{N-1}} \{w''(x)\}^2 dx \to \text{Min} \tag{5.9}$$

上式を離散化して次式を得る。ここに，Δx を離散化間隔とする。

$$E(w_0, \dots, w_{N-1}) = \sum_{i=0}^{N-1} c_i|w_i - z_i| + \frac{\mu}{\Delta x^3} \sum_{i=0}^{N-1} (\nabla^2 w_i)^2 \tag{5.10}$$

ここで E が最小となる w_i を計算するため w_k で偏微分する。

$$\frac{\partial E}{\partial w_k} = \sum_{i=0}^{N-1} \left(c \frac{\partial}{\partial w_k} |w_i - z_i| \right) + \frac{2\mu}{\Delta x^3} \sum_{i=0}^{N-1} \left\{ \nabla^2 w_i \left(\frac{\partial}{\partial w_k} \nabla^2 w_i \right) \right\}$$

$$= c \cdot \text{sgn}(w_k - z_k) + \frac{2\mu}{\Delta x^3} \sum_{i=0}^{N-1} \left\{ \nabla^2 w_i \left(\frac{\partial}{\partial w_k} \nabla^2 w_i \right) \right\} = 0 \tag{5.11}$$

ここに，2 次微分演算子 $\nabla^2 w_i = w_{i+1} - 2w_i + w_{i-1}$ である。 \tag{5.12}

1) 非周期自然スプラインの場合

w_i が非周期の自然スプラインであるとすると自然境界条件より，

$$\nabla^2 w_0 = \nabla^2 w_{N-1} = 0 \tag{5.13}$$

が成立する。よって式 (5.11)は次式となる。

・$k=0$ のとき，
$$c \cdot \mathrm{sgn}(w_0 - z_0) + \frac{2\mu}{\Delta x^3} \sum_{i=0}^{N-1} \left\{ \nabla^2 w_i \left(\frac{\partial}{\partial w_0} \nabla^2 w_i \right) \right\} = 0$$

ここで，$\nabla^2 w_0 = 0$, $\nabla^2 w_1 = w_2 - 2w_1 + w_0$ であるから，

$$c \cdot \mathrm{sgn}(w_0 - z_0) + \frac{2\mu}{\Delta x^3}(w_2 - 2w_1 + w_0) = 0$$

・同様に，$k=1$ のとき，
$$c \cdot \mathrm{sgn}(w_0 - z_0) + \frac{2\mu}{\Delta x^3}(w_3 - 4w_2 + 5w_1 - 2w_0) = 0$$

・$k=2,\ldots,N\text{-}3$ のとき，
$$c \cdot \mathrm{sgn}(w_k - z_k) + \frac{2\mu}{\Delta x^3}(w_{k+2} - 4w_{k+1} + 6w_k - 4w_{k-1} + w_{k-2}) = 0$$

・$k=N\text{-}2$ のとき，
$$c \cdot \mathrm{sgn}(w_{N-2} - z_{N-2}) + \frac{2\mu}{\Delta x^3}(-2w_{N-1} + 5w_{N-2} - 4w_{N-3} + w_{N-4}) = 0$$

・$k=N\text{-}1$ のとき，
$$c \cdot \mathrm{sgn}(w_{N-1} - z_{N-1}) + \frac{2\mu}{\Delta x^3}(w_{N-1} - 2w_{N-2} + w_{N-3}) = 0$$

となる。まとめると次式になる。

$$\frac{2\mu}{\Delta x^3}
\begin{pmatrix}
1 & -2 & 1 & & & & & & \\
-2 & 5 & -4 & 1 & & & & & \\
1 & -4 & 6 & -4 & 1 & & & & \\
& \ddots & \ddots & \ddots & \ddots & \ddots & & & \\
& & 1 & -4 & 6 & -4 & 1 & & \\
& & & \ddots & \ddots & \ddots & \ddots & \ddots & \\
& & & & 1 & -4 & 6 & -4 & 1 \\
& & & & & 1 & -4 & 5 & -2 \\
& & & & & & 1 & -2 & 1
\end{pmatrix}
\begin{pmatrix}
w_0 \\ w_1 \\ w_2 \\ \vdots \\ w_k \\ \vdots \\ w_{N-3} \\ w_{N-2} \\ w_{N-1}
\end{pmatrix}
= c
\begin{pmatrix}
\mathrm{sgn}(z_0 - w_0) \\ \mathrm{sgn}(z_1 - w_1) \\ \mathrm{sgn}(z_2 - w_2) \\ \vdots \\ \mathrm{sgn}(z_k - w_k) \\ \vdots \\ \mathrm{sgn}(z_{N-3} - w_{N-3}) \\ \mathrm{sgn}(z_{N-2} - w_{N-2}) \\ \mathrm{sgn}(z_{N-1} - w_{N-1})
\end{pmatrix}$$

ここで，

出力データ $\boldsymbol{W} = (w_0 \, w_1 \ldots w_{N-1})^{\mathrm{T}}$ ，

入力データ $\boldsymbol{Z} = (z_0 \, z_1 \ldots z_{N-1})^{\mathrm{T}}$ ，

平滑化係数 　$a = \dfrac{2\mu}{\Delta x^3}$,

符号行列 　$U = \left(\mathrm{sgn}(z_1 - w_1) \ \ \mathrm{sgn}(z_1 - w_1) \cdots \mathrm{sgn}(z_n - w_n) \right)^{\mathrm{T}}$

係数行列 　$Q =$
$$
\begin{pmatrix}
1 & -2 & 1 & & & & & & \\
-2 & 5 & -4 & 1 & & & & & \\
1 & -4 & 6 & -4 & 1 & & & & \\
 & \ddots & \ddots & \ddots & \ddots & \ddots & & & \\
 & & 1 & -4 & 6 & -4 & 1 & & \\
 & & & \ddots & \ddots & \ddots & \ddots & \ddots & \\
 & & & & 1 & -4 & 6 & -4 & 1 \\
 & & & & & 1 & -4 & 5 & -2 \\
 & & & & & & 1 & -2 & 1
\end{pmatrix}
$$

とおくと，次式が得られる。

$$aQW = cU \tag{5.14}$$

これは，(5.16)式で $\beta = 0$, $\alpha^4 = a$, $c = 1$ とした場合に等しい。(5.16) 式は式 (5.14) の拡張版となっている。

2) 周期自然スプラインの場合

w_i が周期の自然スプラインであるとすると

$$a\widetilde{Q}\widetilde{W} = cU \tag{5.15}$$

ここに，

出力データ 　$\widetilde{W} = (w_1 \ w_2 \ldots w_n)^{\mathrm{T}}$

係数行列 　$Q =$
$$
\begin{pmatrix}
6 & -4 & 1 & & & & & 1 & -4 \\
-4 & 6 & -4 & 1 & & & & & 1 \\
1 & -4 & 6 & -4 & 1 & & & & \\
 & \ddots & \ddots & \ddots & \ddots & \ddots & & & \\
 & & 1 & -4 & 6 & -4 & 1 & & \\
 & & & \ddots & \ddots & \ddots & \ddots & \ddots & \\
 & & & & 1 & -4 & 6 & -4 & 1 \\
1 & & & & & 1 & -4 & 6 & -4 \\
-4 & 1 & & & & & 1 & -4 & 6
\end{pmatrix}
$$

である。

5.2.2　ISO/TS 16610-32: 2009

ISO/TS 16610-32 [29]では次のように定義している（閉じた断面曲線の場合）。

$$[\beta\alpha^2\boldsymbol{P} + (1-\beta)\alpha^4\boldsymbol{Q}]\boldsymbol{W} = c\boldsymbol{U} \tag{5.16}$$

ここに,

出力行列　$\boldsymbol{W} = (w_0\, w_1 \ldots w_{n-1})^{\mathrm{T}}$

入力行列　$\boldsymbol{Z} = (z_0\, z_1 \ldots z_{n-1})^{\mathrm{T}}$

符号行列　$\boldsymbol{U} = \left(\mathrm{sgn}(z_0 - w_0)\ \mathrm{sgn}(z_1 - w_1)\cdots\mathrm{sgn}(z_{n-1} - w_{n-1})\right)^{\mathrm{T}}$

$\alpha = \dfrac{1}{2\sin\dfrac{\pi\Delta x}{\lambda\mathrm{c}}}$　　and $0 \le \beta \le 1$

Δx：サンプリング間隔（sampling interval）

$\lambda\mathrm{c}$：カットオフ波長（limiting wavelength of the profile filter）

$\mathrm{sgn}(t) = \begin{cases} +1\ (t \ge 0) \\ -1\ (t < 0) \end{cases}$

$$P = \begin{pmatrix} 1 & -1 & & & & & \\ -1 & 2 & -1 & & & & \\ & -1 & 2 & -1 & & & \\ & & \ddots & \ddots & \ddots & & \\ & & & -1 & 2 & -1 & \\ & & & & -1 & 2 & -1 \\ & & & & & -1 & 1 \end{pmatrix} \quad Q = \begin{pmatrix} 1 & -2 & 1 & & & & & \\ -2 & 5 & -4 & 1 & & & & \\ 1 & -4 & 6 & -4 & 1 & & & \\ & \ddots & \ddots & \ddots & \ddots & \ddots & & \\ & & 1 & -4 & 6 & -4 & 1 & \\ & & & 1 & -4 & 5 & -2 & \\ & & & & 1 & -2 & 1 & \end{pmatrix}$$

である。なお, 正規化定数は

$$c = \frac{1}{n}\sum_{k=0}^{N-1}|z_k - w_k| \tag{5.17}$$

にすべきである[30]が, ISO/TS 16610-32: 2009 ではこれを,

$$c = \left(\sum_{k=0}^{N-1}|z_k - w_k|\right)^{-1}$$

としている。正規化は断面曲線の総和と平均線の総和が等しくなるように行う調整である。断面曲線の外れ値の影響をなくした平均線の総和は断面曲線の総和と一致

89

しない。この場合の正規化は，断面曲線と平均線の偏差を基に算出された重みを考慮しないと，おかしなことになる。実は，ISO/TS 16610-32: 2009 のドラフト版である ISO/DTS 16610-32: 2002 の段階では正規化パラメータ c がなかった。このため ISO/TS 16610-32: 2009 では正規化パラメータを導入したものの，断面曲線と平均線の偏差の平均を c とすべきところを誤って断面曲線と平均線の偏差の総和の逆数としてしまったようである。これでは平均線は正しく計算できない。結果的に ISO/TS 16610-32: 2009 は ISO としては廃止されたが，その要因の1つが正規化のミスといえよう。なお，L_1 ノルム型 SF に先駆けて提出された回帰型ガウシアンフィルタの原案 ISO/DTS 16610-31: 2006 にも正規化パラメータがあり，ここでは重みの総和の逆数を用いている。この影響を受けて，L_1 ノルム型 SF でも正規化パラメータを偏差の総和の逆数としてしまったのだろうか。

　開いた断面曲線に適用する場合は，SF 同様以下の行列 $\boldsymbol{P}, \boldsymbol{Q}$ の代わりに $\widetilde{\boldsymbol{P}}, \widetilde{\boldsymbol{Q}}$ を使う。

$$\widetilde{P} = \begin{pmatrix} 2 & -1 & & & & & -1 \\ -1 & 2 & -1 & & & & \\ & -1 & 2 & -1 & & & \\ & & \ddots & \ddots & \ddots & & \\ & & & -1 & 2 & -1 & \\ & & & & -1 & 2 & -1 \\ -1 & & & & & -1 & 2 \end{pmatrix} \quad \widetilde{Q} = \begin{pmatrix} 6 & -4 & 1 & & & 1 & -4 \\ -4 & 6 & -4 & 1 & & & 1 \\ 1 & -4 & 6 & -4 & 1 & & \\ & \ddots & \ddots & \ddots & \ddots & \ddots & \\ & & 1 & -4 & 6 & -4 & 1 \\ 1 & & & 1 & -4 & 6 & -4 \\ -4 & 1 & & & 1 & -4 & 6 \end{pmatrix}$$

式(5.16)で $\beta \to 0$, $\alpha^4 \to a$ とすると式(5.14)となる。

5.2.3　L_1 ノルム型ロバストスプラインフィルタの計算方法

　SF の場合同様，通常は式(5.16)で $\beta = 0$ と置き次式を得る。

$$\alpha^4 \boldsymbol{Q}\boldsymbol{W} = c\boldsymbol{U}$$
$$= c\big(\mathrm{sgn}(z_0 - w_0)\ \mathrm{sgn}(z_1 - w_1)\cdots \mathrm{sgn}(z_k - w_k)\cdots \mathrm{sgn}(z_{n-1} - w_{n-1})\big)^{\mathrm{T}}$$
$$= c\left(\frac{z_0 - w_0}{|z_0 - w_0|}\ \frac{z_1 - w_1}{|z_1 - w_1|}\cdots \frac{z_k - w_k}{|z_k - w_k|}\cdots \frac{z_{n-1} - w_{n-1}}{|z_{n-1} - w_{n-1}|}\right)^{\mathrm{T}}$$
$$= \boldsymbol{V}(\boldsymbol{Z} - \boldsymbol{W}) \tag{5.18}$$

ここに,

$$V = \begin{pmatrix} \dfrac{c}{|z_0 - w_0|} & & & & \\ & \ddots & & & \\ & & \dfrac{c}{|z_k - w_k|} & & \\ & & & \ddots & \\ & & & & \dfrac{c}{|z_{n-1} - w_{n-1}|} \end{pmatrix} \tag{5.19}$$

である。これより次式が得られる。

$$(V + \alpha^4 Q)W = VZ \tag{5.20}$$

この式で, $V = I$ とすると SF の式(4.10)に一致する。SF の拡張式である。このことからも, 式 (5.19) の定数 c は式 (5.17)であれば問題ないが, 断面曲線と平均線の偏差の総和の逆数になることはない。

式 (5.20)の形式は, 後述する L_2 ノルム型ロバスト SF の計算式 (5.22) と同じ形式である。次節に計算アルゴリズムを掲載する。

5.2.4 L_1 ノルム型ロバストスプラインフィルタの計算アルゴリズム

Step 1 : $w_1, w_2, ..., w_n$ を全て 1 にする ($V^{(0)} = I$)。繰り返しカウンター $m = 0$。

Step 2 : $(V^{(m)} + \alpha^4 Q) W^{(m)} = V^{(m)} Z$ を解く。すなわち暫定出力 $S^{(m)}$ を求める。

基本的には SF の計算方法と同じである。

なお, $V^{(m)} Z = (v_0^{(m)} z_0 \quad v_1^{(m)} z_1 \quad ... \quad w_{n-1}^{(m)} z_{n-1})^{\mathrm{T}}$

Step 3 : 収束判定

① $d_k^{(m)} = z_k - w_k^{(m)}$ として

平均 $\bar{d}^{(m)} = \dfrac{1}{n} \sum_{k=1}^{n} |d_k^{(m)}| = c^{(m)}$ を計算

② $v_k^{(m+1)} = \begin{cases} \dfrac{c^{(m)}}{|z_k - w_k^{(m)}|} & z_k \neq w_k^{(m)} \text{の場合} \\[4mm] 1 & z_k = w_k^{(m)} \text{の場合} \end{cases}$

③　$m = 0$ なら　④へ，$m > 0$ なら次式を計算

$$\frac{\sum_{k=0}^{n-1} \left| v_k^{(m)} - v_k^{(m-1)} \right|}{\sum_{k=0}^{n-1} v_k^{(m)}} < \epsilon \, なら収束と判定し \, Step4 \, へ$$

収束でない（ε以上）なら④へ

④　$m = m + 1$　とし，Step 2 へ

Step 4：終了

5.3　L_2ノルム型ロバストスプラインフィルタ

ISO 16610-31 [27]を SF に落とし込んだものである。ISO/TS 16610-32:2009 [29]は廃案となったが，新たな ISO 16610-32 の制定が必要である。その内容はまだ不明だが，ISO 16610-31 準拠の内容であるこの L_2 ノルム型は候補になりうると思われる。そこで，ISO 16610-31 と SF を組み合わせた L_2 ノルム型ロバスト SF について述べていく。

5.3.1　L_2ノルム型ロバストスプラインフィルタの理論

SF は式(5.8)の ε を最小にする $w(x)$ である。ロバスト推定の一手法である M 推定を用いて，式(5.8)を以下のように変形する。

$$\varepsilon = \sum_{i=0}^{N-1} \delta_i (z_i - w_i)^2 + \mu \int_{x_0}^{x_{N-1}} \{w''(x)\}^2 dx \; \rightarrow \text{Min} \tag{5.21}$$

仮の平均線 w_i と断面曲線 z_i の偏差を求め，偏差が大きくなるほど関数値が小さくなる損失関数に式(5.4)の Beaton 関数を選ぶことで，外れ値の影響を受けにくくなる。このような処理を m 回繰り返すことによって，ロバストな SF が実現可能である。ロバスト性は L_1 ノルム型に及ばないが，元々のスプラインの定義式 (4.5)が L_2 ノルムであることから，L_1 ノルム型ロバスト SF だと出力の特性が大きく異なる。これが，L_1 ノルム型 SF が ISO 化されなかった最大の要因と思われる。

5.3.2　L₂ノルム型ロバストスプラインフィルタの計算方法

　具体的には，SF の基本式(4.10)の単位行列 I を重み行列 V に置き換え，暫定平均線と入力値との乖離具合に応じて重み行列を変更し，重み行列が収束するまで続ける[31][32]。

$$(V + \alpha^4 Q)W = VZ \tag{5.22}$$

ここに，重みの行列 $V = \begin{pmatrix} v_0 & & & \\ & v_1 & & \\ & & \ddots & \\ & & & v_{n-1} \end{pmatrix}$

出力行列 $W = (w_0\, w_1\, \dots\, w_{n-1})^{\mathrm{T}}$

入力行列 $Z = (z_0\, z_1\, \dots\, z_{n-1})^{\mathrm{T}}$

$\alpha = \dfrac{1}{2\sin\dfrac{\pi\Delta x}{\lambda c}}$　and $0 \le \beta \le 1$

Δx：サンプリング間隔（sampling interval）

λc：カットオフ波長（limiting wavelength of the profile filter）

係数行列　$\widetilde{Q} = \begin{pmatrix} 6 & -4 & 1 & & & & 1 & -4 \\ -4 & 6 & -4 & 1 & & & & 1 \\ 1 & -4 & 6 & -4 & 1 & & & \\ & \ddots & \ddots & \ddots & \ddots & \ddots & & \\ & & 1 & -4 & 6 & -4 & 1 & \\ 1 & & & 1 & -4 & 6 & -4 \\ -4 & 1 & & & 1 & -4 & 6 \end{pmatrix}$　periodic

$Q = \begin{pmatrix} 1 & -2 & 1 & & & & \\ -2 & 5 & -4 & 1 & & & \\ 1 & -4 & 6 & -4 & 1 & & \\ & \ddots & \ddots & \ddots & \ddots & \ddots & \\ & & 1 & -4 & 6 & -4 & 1 \\ & & & 1 & -4 & 5 & -2 \\ & & & & 1 & -2 & 1 \end{pmatrix}$　non-periodic

5.3.3 L_2 ノルム型ロバストスプラインフィルタのアルゴリズム

Step1: 重み行列を $V^{(0)} = I$ とする。すなわち，$v_0, v_1, \ldots, v_{n-1}$ を全て 1 にする。

繰り返しカウンター $m = 0$

Step2: $(V^{(m)} + \alpha^4 Q)\, W^{(m)} = V^{(m)} Z$ を解く。すなわち暫定出力 $W^{(m)}$ を求める。

基本的には SF の計算方法と同じ。

なお，$V^{(m)} Z = (v_0^{(m)} z_0 \quad v_1^{(m)} z_1 \quad \ldots \quad w_{n-1}^{(m)} z_{n-1})^{\mathrm{T}}$

Step 3 : 収束判定

① $d_k^{(m)} = z_k - w_k^{(m)}$ として

$$\text{平均 } \bar{d}^{(m)} = \frac{1}{n}\sum_{k=0}^{n-1} d_k^{(m)}, \quad \sigma^{(m)} = \sqrt{\frac{1}{n}\sum_{k=0}^{n-1}\left(d_k^{(m)} - \bar{d}^{(m)}\right)^2} \quad \text{を計算}$$

② $\beta^{(m)} = \displaystyle\operatorname*{med}_{0 \le k \le n-1}\left\{\left|\frac{d_k^{(m)}}{\sigma^{(m)}}\right|\right\}$ を計算

③ $c^{(m)} = \begin{cases} 6 & \beta^{(m)} \le 5 \\ 10 & 5 \le \beta^{(m)} \le 100 \\ 20 & 100 \le \beta \end{cases}$ を計算

④ $v_k^{(m)} = \begin{cases} \left[1 - \left(\dfrac{d_k^{(m)}}{\beta^{(m)} c^{(m)}}\right)^2\right]^2 & \left|d_k^{(m)}\right| < \beta^{(m)} c^{(m)} \\[4mm] 0 & \left|d_k^{(m)}\right| \ge \beta^{(m)} c^{(m)} \end{cases}$

⑤ $m = 0$ なら　⑥へ，$m > 0$ なら次式を計算

$$\frac{\sum_{k=0}^{n-1}\left|v_k^{(m)} - v_k^{(m-1)}\right|}{\sum_{k=0}^{n-1} v_k^{(m)}} < \varepsilon \quad \text{（微小な値で ex. 0.02）なら収束と判定し Step4 へ}$$

収束でない（微小な値で ex. 0.02 以上）なら⑥へ

⑥ $m = m + 1$ とし，Step 2 へ

Step 4: 終了

II　応用編

6. 畳み込み演算型スプラインフィルタ

ローパスフィルタのほとんどは重み関数を畳み込む形式を用いる。これに対し、ISO 16610-22 のスプラインフィルタ（SF）は逆行列の解を求める形式である。本章では SF を畳み込み演算や離散フーリエ変換（DFT）で計算する手法について述べる。

6.1 畳み込み演算によるスプラインフィルタ

6.1.1 重み関数の有効幅

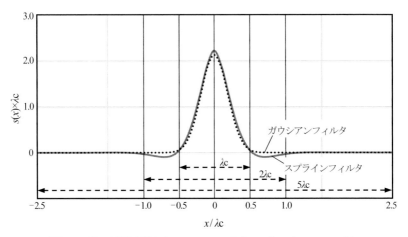

図6.1 重み関数（ガウシアンフィルタとスプラインフィルタ）

ガウシアンフィルタ（GF）の重み関数は、$2\lambda c$ 幅の両端ではほぼ 0（その内側の積分値は 1）になる。式 (4.29) の SF の重み関数は $2\lambda c$ 幅の両端では 0 にはほど遠いが（GF の λc 幅の誤差程度）、$5\lambda c$ 幅の両端なら 0 にかなり近くなる。SF の有効幅を λc 幅の GF の誤差程度にするには $2\lambda c$ を必要とする。ところで、GF のエンド効果が両端の区間 $\lambda c/2$ で生じるのはフィルタ幅が λc で畳み込んでいたためであった。これより、フィルタ幅 $2\lambda c$ の SF の重み関数を用いて畳み込んでフィルタ演算するとなると、エンド効果の生じる範囲は両端 λc へ広がることになる（図6.1）。

96

6.1.2 点対称拡張の基準点

GF よりも広い範囲で生じる畳み込み演算型 SF のエンド効果を解消するには，入力データを拡張するのがよい。その入力データと SF の重み関数を畳み込む場合，逆行列方式（非周期）とほぼ同じ結果を得るには点対称拡張が適している。なぜなら，点対称拡張を行うことで入力および出力の 2 次微分値が 0 になるためである。これにより式 (4.9) の自然スプラインの境界条件が満足される。

$$\nabla^2 w_0 = \nabla^2 w_{N-1} = 0 \qquad\qquad (4.9)^{再掲}$$

ここで点対称拡張の基準点に何を選んでも式(4.9)が成立する。ただ，2.3.3 で述べたように点対称拡張の基準点の選定が難しい。基準点によっては入力とフィルタ出力とが乖離する。この乖離は明らかに平滑化スプラインの式(4.5) 式を満足しない。これに対し，エンド効果の生じない区間に限れば，畳み込み演算型であっても式(4.5)のような入力と出力の 2 乗和＋曲がりエネルギーの総和は最小になる。なぜなら SF の重み関数は式(4.5)から算出されているためである。以上より，エンド効果が生じない点対称拡張の基準点 β と γ の計算は，エンド効果の生じる区間における入力と出力の 2 乗和＋曲がりエネルギーの総和が最小になるように選べばよいことがわかる（図6.2）。

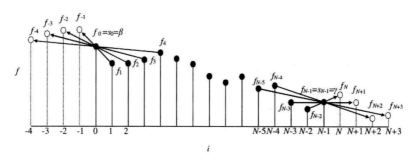

図 6.2　点対称拡張

97

そこで平滑化スプラインの式(4.5) 式を離散化して次式(6.1)を得る。ここで，Δx を離散化間隔とする。

$$\left.\begin{aligned}
\varepsilon_1 &= \sum_{i=0}^{r} (w_i - z_i)^2 + \frac{\mu}{\Delta x^3} \sum_{i=0}^{r} (w_{i+1} - 2w_i + w_{i-1})^2 \to \text{Min} \\[2em]
\varepsilon_2 &= \sum_{i=N-1-r}^{N-1} (w_i - z_i)^2 + \frac{\mu}{\Delta x^3} \sum_{i=N-1-r}^{N-1} (w_{i+1} - 2w_i + w_{i-1})^2 \to \text{Min}
\end{aligned}\right\} \quad (6.1)$$

この解を満足する点対称拡張の基準点 β, γ として次式が示されている[33]。

$$\beta = \frac{-\displaystyle\sum_{i=0}^{r}\left\{\left(s_i + 2\sum_{k=i+1}^{r} s_k\right)\left(\sum_{k=1}^{r+i} s_{k-i}z_k - \sum_{k=1}^{r-i} s_{k+i}z_k - z_i\right) + \frac{\mu}{\Delta x^3}T_1\right\}}{\displaystyle\sum_{i=0}^{r}\left\{\left(s_i + 2\sum_{k=i+1}^{r} s_k\right)^2 + \frac{\mu}{\Delta x^3}T_2\right\}}$$

$$T_1 = \left\{-z_0(s_{i-1} - s_{i+1}) + \sum_{k=2}^{r+i} s_{k-i}\nabla^2 z_k - \sum_{k=2}^{r-i} s_{k+i}\nabla^2 z_k\right\}(s_{i-1} - s_{i+1})$$

$$T_2 = (s_{i+1} - s_{i-1})^2$$

$$\gamma = \frac{-\displaystyle\sum_{i=0}^{r}\left\{\left(s_i + 2\sum_{k=i+1}^{r} s_k\right)\left(\sum_{k=1}^{r+i} s_{k-i}z_{N-1-k} - \sum_{k=1}^{r-i} s_{k+i}z_{N-1-i} - z_{N-1-i}\right) + \frac{\mu}{\Delta x^3}T'_1\right\}}{\displaystyle\sum_{i=0}^{r}\left\{\left(s_i + 2\sum_{k=i+1}^{r} s_k\right)^2 + \frac{\mu}{\Delta x^3}T_2\right\}}$$

$$T'_1 = \left\{-z_N(s_{i-1} - s_{i+1}) + \sum_{k=2}^{r+i} s_{k-i}\nabla^2 z_{N-k} - \sum_{k=2}^{r-i} s_{k+i}\nabla^2 z_{N-k-1}\right\}(s_{i-1} - s_{i+1})$$

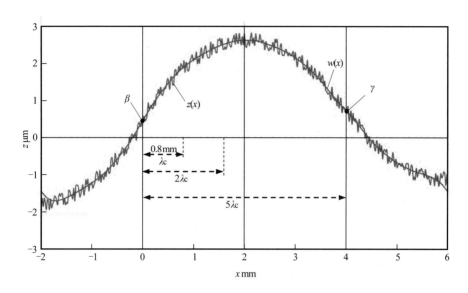

図6.3　点対称拡張の例

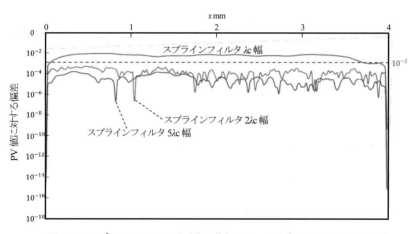

図6.4　スプラインフィルタ（非周期）のフィルタ幅の違いによる偏差

図6.3は基準点β, γを用いた点対称拡張の例である。基準長さを0.8 mm，測定長さを4 mmとした。0 mm - 2 mmの区間のデータをβを基準点として $[-2, 0]$ mmの区間へ拡張，$[2, 4]$ mmの区間のデータをγを基準点として$[4, 6]$ mmの区間へと拡張

してある。なお，この拡張された区間の幅の総和は 4 mm = 5λc であるが，これは最大 5λc 幅の SF 使用を前提にした場合である，もしも 2λc 幅の SF で十分なら，拡張する区間の幅の総和は 1.6 mm = 2λc でよい。λc 幅の SF なら，拡張する区間の幅の総和は 0.8 mm = λc だけでよい。この場合は [−0.4, 0] mm と [4, 4.4] mm が新たに拡張される区間になる。

断面曲線 $z(x)$ の拡張は上記のとおりである。一方，平均線の計算は測定長さ L の範囲だけでよい。図 6.3 では拡張区間も平均線を求めている※が，通常は不要の処理である。

※　この拡張区間で平均線を求めるには，拡張区間の外側にさらに新たな拡張区間が必要となるため効率が悪い。そこで拡張された区間を含む [−2, 6] mm の範囲が周期的に繰り返すと仮定した。このため区間 [−2, 6] mm の両端で入力と出力が乖離しエンド効果が発生している。

この平均線は λc, 2λc, 5λc の 3 種類の幅をもつ畳み込み演算型 SF で計算した。逆行列型の SF との偏差の絶対値を $z(x)$ の PV 値に対する割合で図 6.4 に示した。フィルタ幅が λc だと偏差の絶対値が PV 値に対して 10^{-3} を下回らないが，フィルタ幅が 2λc や 5λc では逆行列型 SF の出力とほぼ等しい。また，2λc 幅よりも 5λc 幅のフィルタ幅の方が偏差の絶対値は小さくなるが，どちらも実用上差し支えないレベルである。よって，取扱いの容易な幅 2λc のフィルタが推奨される。

【例題 6.1】　点対称拡張により，自然スプラインの境界条件が満足されることを示せ。

（解）次式の自然スプラインの境界条件が満足されることを示す。

$$\nabla^2 w_0 = \nabla^2 w_{N-1} = 0$$

まず，点対称拡張では次式が成立する。

$$\left.\begin{array}{ll} z_{-i} = 2\beta - z_i & (i = 0,1,2,\cdots,N-1) \\ z_{N-1+i} = 2\gamma - z_{N-1-i} & (i = 0,1,2,\cdots,N-1) \end{array}\right\} \tag{6.2}$$

100

ここに，β は点対称拡張の左側の基準点，γ は点対称拡張の右側の基準点である。ここで式 (4.17)より r をフィルタの有効幅の半分として

$$w_i = \sum_{k=-r}^{r} s_k z_{i-k} \qquad (i = 0,1,\cdots,N-1) \tag{6.3}$$

さて，式(4.8)より 2 次微分演算子 $\nabla^2 w_i = w_{i+1} - 2w_i + w_{i-1}$ で，重み関数の左右対称性 $s_{-i} = s_i$ および式(6.2)から，次式が成立する。

$$\nabla^2 w_0 = w_1 - 2w_0 + w_{-1} = \sum_{k=-r}^{r} s_k(z_{1-k} - 2z_{-k} + z_{-1-k})$$

$$= \sum_{k=-r}^{0} s_k(z_{1-k} - 2z_{-k} + z_{-1-k}) + \sum_{k=0}^{r} s_k(z_{1-k} - 2z_{-k} + z_{-1-k})$$

$$= \sum_{k=0}^{r} s_k\{(z_{1+k} - 2z_k + z_{-1+k}) + (z_{1-k} - 2z_{-k} + z_{-1-k})\}$$

$$= \sum_{k=0}^{r} s_k\{(z_{1+k} - 2z_k + z_{-1+k}) + (2\beta - z_{k-1} - 4\beta + 2z_k + 2\beta - z_{k+1})\}$$
$$= 0 \tag{6.4}$$

が成立する。同様に $\nabla^2 w_{N-1} = 0$ が成立する。

6.2 DFT を用いたスプラインフィルタの計算

6.2.1 DFT を用いたスプラインフィルタ（周期型）の計算

$z(x)$を断面曲線，$s(x)$を式 (4.2) に示す SF の重み関数，$w(x)$を平均線とする。

$$w(x_i) = \sum_{k} s(k - x_i)z(x_i) = (s * z)(x_i) \tag{6.5}$$

ここで $z(x_i)$, $s(x_i)$, $w(x_i)$のフーリエ変換をそれぞれ $Z(u_k), S(u_k), W(u_k)$とすると，

$$W(u_k) = S(u_k)Z(u_k) \tag{6.6}$$

となる。$W(u_k)$を離散フーリエ逆変換して$w(x_i)$を得る。これが，DFT を用いた SF である。

$$w(x_i) = \mathrm{DFT}^{-1}[W(u_k)] \tag{6.7}$$

図 6.5 は断面曲線 $z(x_i)$の測定長さ $L=4$ mm の区間 $[0,4]$ mm で，DFT 型 SF を適用した出力 $w(x_i)$および逆行列型 SF（周期型）出力を表示した。DFT 型と逆行列型の出力は重なっている。区間の両端でエンド効果が発生しているが，これは式 (3.4) に示すようにデータの周期性を用いたためである。左端と右端の断面曲線の高さが異なるために，このようなエンド効果が生じた。ただこれは，逆行列型 SF（周期）でも発生する問題である（周期型は円柱の一周のような周期性のある断面曲線にのみ適用すべきであるが，本例では，DFT 型との性能比較を行うために，あえて両端で段差のある断面曲線に適用している）。

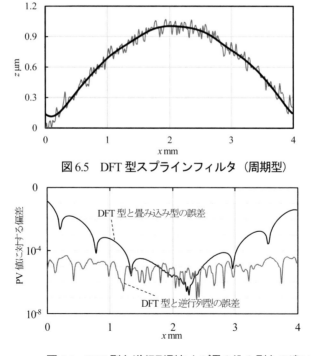

図 6.5　DFT 型スプラインフィルタ（周期型）

図 6.6　DFT 型と逆行列型および畳み込み型との違い

102

図 6.6 の DFT 型と逆行列型の誤差（PV 値に対する誤差を片対数グラフで表示）を確認すると，PV 値に対し 10^4 以下と安定して十分に小さい。この誤差をさらに小さくし，DFT 型 SF の出力を逆行列型 SF（周期型）に一致させるにはどうすればよいか。原因は SF の重み関数 $s(x)$ の精度不足，即ちこれを DFT した $\tilde{S}(u_k)$ の精度不足にあるため，式(4.25)の振幅伝達率を使うのがよい。図6.7 に振幅伝達率を用いた DFT型 SF と逆行列型 SF（周期型）の出力の偏差の絶対値を PV 値に対する割合で示した。重み関数の DFT した場合に比べて，誤差が小さくなったことがわかる。

以上のように，測定長さの区間の断面曲線の周期性を利用すれば，DFT によって逆行列型 SF（周期型）とほぼ同じ出力を得ることができる。

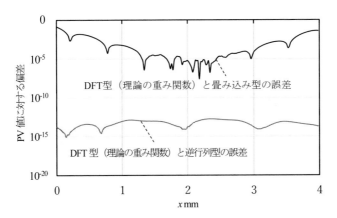

図 6.7　DFT 型（理論の重み関数）と逆行列型および畳み込み型との偏差

6.2.2　DFT を用いたスプラインフィルタ（非周期型）の計算

6.1.2 で点対称拡張を用いた，重み関数畳込み型 SF を提唱した。この 2 倍に点対称拡張されたデータを用いて，DFT による SF（非周期型）を実現できる。

図 6.3 のように，$z(x_i)$ の測定長さ $L=4$ mm の区間 $[0, 4]$ mm の断面曲線を点対称拡張し，$[-2, 6]$ mm の区間の断面曲線を生成し，これを DFT する。$\tilde{Z}(u_k)$ には式(4.25)の振幅伝達関数を用いる。式(6.6), (6.7)を用いて出力 $w(x_i)$ を得る。

図 6.8 に DFT 型 SF（非周期型）を適用した出力 $w(x_i)$ と逆行列型 SF（非周期型）出力の偏差の絶対値を入力 $z(x_i)$ の PV 値に対する割合で示した。これら偏差は最大でも 10^5 程度と十分小さく，実用上問題とならない程度の誤差であることがわかる。

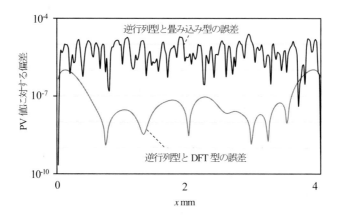

図 6.8　逆行列型と DFT 型および重み関数畳み込み型の違い

7. 上位互換性のあるロバストフィルタ

　5 章で示したロバストフィルタはいずれも，スパイクのある断面曲線に対してロバストに振る舞う。一方，外れ値のない断面曲線に適用すると一般的なロバストフィルタの出力はベースとなった通常のガウシアンフィルタ（GF）やスプラインフィルタ（SF）の出力とは一致しない。外れ値の頻度が少ないことを考慮すると，ほとんどの断面曲線に対して出力が通常のローパスフィルタと異なるロバストフィルタは使いにくい。これが上位互換性の問題である．これは，通常のローパスフィルタの振幅伝達特性がロバストフィルタに継承されないところに要因がある。

　しかし，上位互換性を有するロバストフィルタも存在する．GF の規格である JIS B0634:2017 [8] では，解説で GF と上位互換性のある高速 M 推定法を用いたロバスト GF （fast M-estimation Gaussian filter：FMGF）[34] を紹介している。本章ではこの FMGF，同じく SF と上位互換性のある高速 M 推定法を用いたロバスト SF（fast M-estimation spline filter：FMSF）について述べる。

7.1　FMGF

　高速 M 推定法を用いたロバスト GF について説明する。このフィルタは，入力データに外れ値が含まれる場合は外れ値の影響を受けずにロバストにふるまうことができる。また，外れ値が含まれない場合は通常の GF の出力に一致するロバストフィルタでは稀有な特性を持っている。

7.1.1　FMGF の理論

　ロバスト回帰フィルタは次式で与えられる[25]。関数 $\rho(z)$ は M 推定法の損失関数である。また，図示すると図 7.1 になる。

$$\varepsilon_k = \sum_{i=0}^{N-1} \rho(z_i - w_k)s(x_{k-i}) \to \text{Min} \qquad (5.1)^{再掲}$$

$s(x)$ は GF で，次式で与えられる。

$$s(x) = \begin{cases} \dfrac{1}{\alpha\lambda c}\exp\left[-\pi\left(\dfrac{x}{\alpha\lambda c}\right)^2\right] & -Lc\lambda c \leq x \leq Lc\lambda c \\ 0 & \text{otherwise} \end{cases} \qquad (7.1)$$

ここに，

$$\alpha = \sqrt{\frac{\ln 2}{\pi}} \approx 0.4697$$

λc：カットオフ値

Lc：遮断定数

である。

高速 M 推定法では損失関数 ρ に 2 次 B スプライン基底関数を用いる。2 次 B スプライン基底関数と式 (5.4) の Beaton 関数とは凸方向が逆のため，式(5.1)が最小ではなく最大になるようにして計算する。反転させた Beaton 関数は$|z| \geq C$ で一定になるので，これに合うように 2 次 B スプライン基底関数の基本幅 T を調整すると次式となる。

$$\rho(z) = \begin{cases} \dfrac{C^2}{6} - \dfrac{z^2}{2} & |z| \leq \dfrac{C}{3} \\ \dfrac{1}{4}(C - |z|)^2 & \dfrac{C}{3} < |z| \leq C \\ 0 & \text{otherwise} \end{cases} \tag{7.2}$$

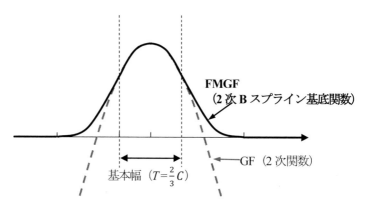

図 7.1　高速 M 推定の損失関数

図7.1 に 2 次関数と 2 次 B スプライン基底関数を示す。2 次 B スプライン基底関数は中心から離れると 0 に収束するため、異常値に対してはロバストに振る舞う。一方、$T=2C/3$ の区間では厳密に 2 次関数に一致するので、外れ値が含まれない場合は最小 2 乗法と同じとなり、 GF と同じ出力結果となる。

$$\varepsilon_k = \sum_{i=0}^{N-1} \rho(z_i - w_k)s(z_{k-i}) \quad \rightarrow \quad \text{Max} \qquad (7.3)$$

7.1.2 FMGF の計算方法

N 個のデータを $z_i = f(x_i)$ とすると、誤差は z 方向に広がるので、z 軸を Δz 間隔で再量子化することにより高速 M 推定法が適用できる。まず、データに対し x 方向に 1 次元の GF を畳み込み、各格子点に度数を累積する。続いて z 方向に、基本幅 $T = m\Delta z$ の 1 次元の 2 次 B スプライン基底関数を畳み込んで 2 次 B スプライン曲線を得る。この曲線の頂点が x_i における高速 M 推定の出力値となる。これらの処理は図 7.2 に示すように、格子点 (x_i, z_i) を中心に x 方向がガウス分布、z 方向が 2 次 B スプライン基底関数からなる 2 次元フィルタ F を畳み込むことに等しい。

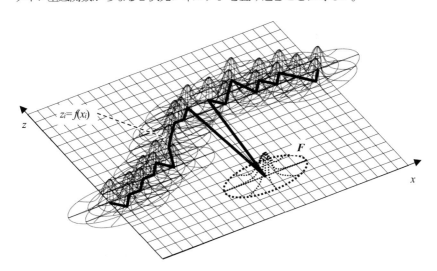

図7.2 z 方向再量子化と 2 次元フィルタ F の適用

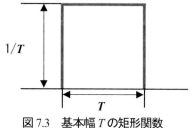

図7.3 基本幅 T の矩形関数

なお，z 方向への2次Bスプライン基底関数の畳み込みは図7.3に示すように幅 T の矩形フィルタの3回連続適用で代用でき，高速処理が可能である。なお，式(7.2) の C との関係は，$C = 3T/2$ である。これは，矩形関数のへの同じ矩形関数の畳み込みが1次Bスプライン基底関数，もう1度同じ矩形関数を畳み込むことで2次Bスプライン基底関数になるためである。また，出力値は2次Bスプライン曲線の最大点を与える z 座標として解析的に計算できるので，従来のロバストフィルタのような繰り返し演算は不要である。

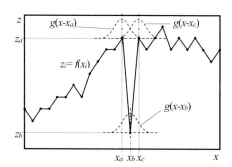

図7.4 データとガウシアンフィルタの畳み込み

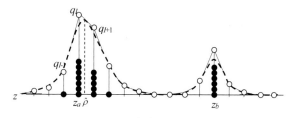

図7.5 高速M推定値の計算

108

7.1.3 FMGF のアルゴリズム

Step 1：データの点対称拡張（エンド効果解消のため．通常の GF との互換性を求めるだけならば行わない．なお，点対称拡張を行わなくても，FMGF は線対称拡張と同程度のエンド効果におさまる．）

Step 2：z 軸の再量子化

z 軸を Δz 間隔で再量子化し，格子点(x_i, z_i)を中心に予め計算しておいた式(6.1)の GF の係数 $g(x\text{-}x_i)$と x 方向に畳み込み演算する（図 7.4）。

Step 3：幅 m の加算処理 3 回

z 軸方向に幅 m の加算処理を 3 回連続適用して，2 次 B スプライン曲線の制御点 q_j を得る。この B スプライン曲線は，格子点に 2 次元フィルタ F を畳み込んで重ね合わせてできる曲面（図 6.2）の $x=x_i$ で切ったときの断面である。

Step 4：M 推定値計算

$x=x_i$ で切った各断面において，制御点の最大値 $q_I=\max q_j$ を算出する。これが，x_i における FMGF の出力となる（図 7.5）。

z 軸上の格子点の累積度数は 2 次 B スプライン曲線の制御点になる。よって，$q_I = \max q_j$ となる z座標(z_a) 及び 制御点 q_{I-1}，q_{I+1} からその周辺を探索することにより，2 次 B スプライン曲線 $p(\hat{\rho})$ を最大にする $\hat{\rho}$ が，x_i における高速 M 推定法の推定値となり，FMGF の出力である(図 7.4)。この出力は式 (7.4)で計算できる。

$$\hat{\rho} = z_a + \left(\frac{q_{I-1} - q_I}{q_{I-1} - 2q_I + q_{I+1}} - 0.5 \right) \Delta z \tag{7.4}$$

7.1.4 FMGF のロバスト性能

ロバストフィルタの基本コンセプト規格である ISO 16610-30 [23]でロバスト性が必要な例として示されたスパイク，ステップ，スロープに対するロバスト性を，GF，GRF，FMGF で比較する。

1) スパイク

図 7.6 に示すように，GF ではスパイクの影響を大きく受ける。GRF と FMGF
ではスパイクの影響は見られず，うねり成分を抽出している。

2) ステップ

図 7.7 に示すように，ステップでは GF の出力も GRF の出力も大きくなまる。
これに対し，FMGF はなまらず，きれいなステップ形状を出力している。これは，
FMGF は図 7.8 のように z 軸方向に累積した重みの山が，上面による重みの大和
仮面による重みの山に分かれるためである．ステップの上面部分なら重みの最大
値も上面側に，下面なら重みの最大値も下面側に出やすいため，FMGF はきれい
に段差形状を抽出することができる。よって．FMGF はステップに対するロバス
ト性において GRF を上回ることになる。

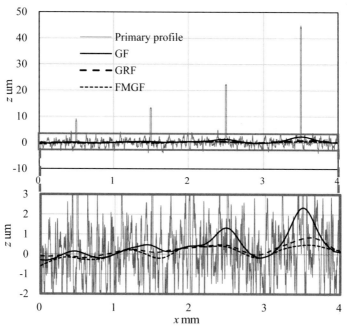

図7.6 スパイクに対する各種フィルタの出力

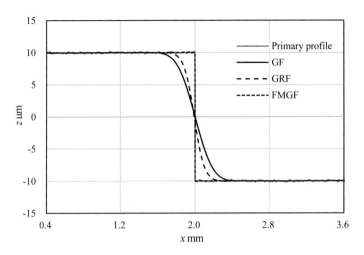

図7.7　ステップに対する各種フィルタの出力

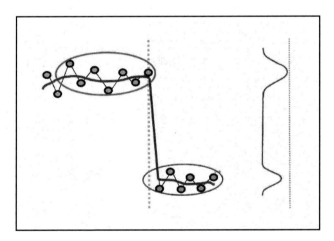

図7.8　ステップにおける FMGF の重みの累積分布

3) スロープ

図 7.9 に示すように，スロープの変曲点近傍ではどのフィルタの出力もなまってしまう。スロープでは図 7.10 のように，z 軸方向に重みの累積値が 2 つの山に分離しないため，FMGF でも対処することができない。

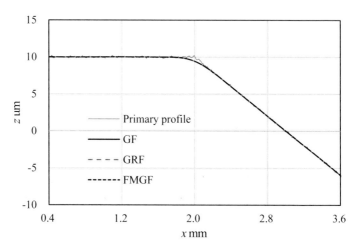

図7.9　スロープに対する各種フィルタの出力

7.2　FMSF

高速M推定型のロバストSF（fast M-estimation spline filter：FMSF）は，FMGFの重み関数をSFにすることで実現できる．しかし、6章で述べたようにSFを重み関数の畳み込み演算で実現する場合，エンド効果の範囲はGFの2倍・全区間の40%にも及んでしまう。そのため，FMSFはFMGFと異なり点対称拡張が実用上必須となる。

7.2.1　FMSF のロバスト性能

ロバストフィルタの基本コンセプト規格である ISO 16610-30 [23]でステップ，スロープに対するロバスト性を，SF，ISO/TS 16610-32:2009 の繰り返し演算 L_1 ノルム型ロバスト SF（L_1-norm），5.3 節の繰り返し演算 L_2 ノルム型ロバスト SF（L_2-norm），FMSF で比較する。

1) スパイク

　SF はスパイクの影響が大きい。これに対し，3 種のロバスト SF は影響が見られない（図7.10）。

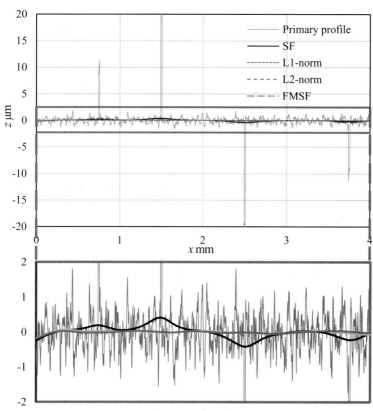

図7.10　スパイクに対する各フィルタの出力

2) ステップ

FMSF 以外は，多少の差はあるが，いずれも段差近傍で出力がなまっている。一方，FMSF の出力はきれいに段差成分を抽出している（図7.11）。

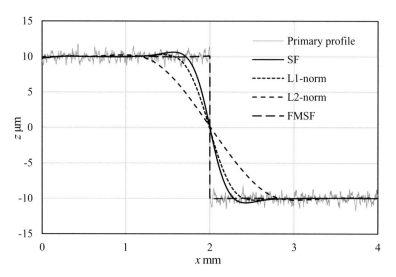

図7.11　ステップに対する各種フィルタの出力

3) スロープ

どのフィルタも，変曲点近傍で出力がなまる(図7.12)。

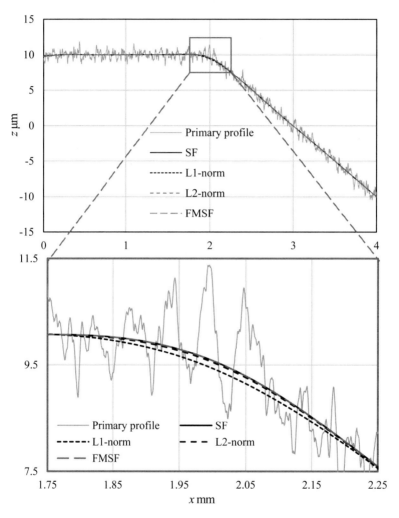

図7.12　スロープに対する各種フィルタの出力

7.2.2 FMSF とスプラインフィルタの出力の偏差

外れ値のないデータに対する FMSF の出力と SF の出力を調べる。そこで, 図 7.16 (a) の断面曲線を使用して実験を行う。粗さは傾斜形状に ±1 μm 以内のランダムノイズからなる粗さ成分を印加したものである。人工データは, 計測長さ L は 4 mm であり, サンプリング数 N は 200 である。また, FMSF のフィルタ幅は, 6 章の結果から L である。実験結果を図 7.16 に示す。逆行列型 SF の出力と各フィルタの出力との入力データの PV 値に対する絶対値誤差を図 7.16 (b) に示す。また, 逆行列型 SF の出力と各フィルタの出力との入力データの PV 値に対する絶対値誤差平均と RMSE 値を表 7.1 に示す。逆行列型 SF の出力と L_1 ノルム型ロバスト SF の出力との RMSE 値は 0.4629 % に対して, 逆行列型 SF の出力と L_2 ノルム型ロバスト SF の出力との RMSE 値は 0.055 % であった。一方, 逆行列型 SF の出力と FMSF の出力との RMSE 値は 0.0005 % であり, 2 桁程度の違いがあった。

以上の結果から, 提案手法である FMSF は, 他のロバスト SF に比べて逆行列型 SF の出力に対して高い精度で一致していることが分かった。さらに, FMSF は, 4 章 2 節の実験から, スパイクに対しては, 他のロバスト SF と同様に対応できる。また, ステップに対して, 他のロバスト SF には対応できないが, FMSF ならば対応できる。よって, FMSF は SF との上位互換性を満たし, L_1 ノルム型ロバスト SF, L_2 ノルム型ロバスト SF に対して優位性を持つことが確認できる。

116

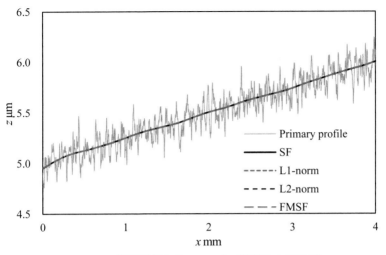

(a) 断面曲線と各フィルタで算出した平均線

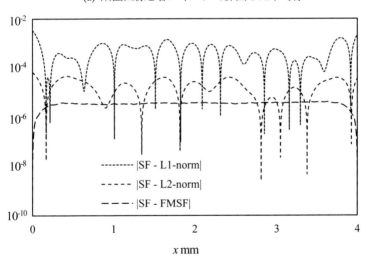

(b) スプラインフィルタ出力との偏差

図7.16 スプラインフィルタと各種フィルタの出力偏差

表7.1　逆行列型 SF との比較結果

	絶対値差分平均 [μm]	RMSE [%]
L_1-norm	8×10^{-4}	0.07136
L_2-norm	3×10^{-5}	0.0024
FMSF	5.2×10^{-6}	0.00035

7.2.3　DFT を用いた FMSF の計算

　FMSF は外れ値の影響を受けず，外れ値のないデータに対しては通常の SF と同じ出力を与える。一方で，フィルタ幅が GF に比べて非常に大きくエンド効果対策として，データの点対称拡張が必要である。このため処理時間が大きい。この問題を解決するため，計算アルゴリズムの一部を周波数空間で実施することで高速化を図る手法も提案されている[36]。

　FMSF は，x 軸方向に SF の重み関数を畳み込み，z 軸方向に 2 次 B スプライン基底関数を畳み込む。つまり 2 次元フィルタを畳み込むことと等しい。SF の重み関数のフーリエ変換したものが振幅伝達関数式(4.30)である。また矩形関数をフーリエ変換したものが sinc 関数であり，2 次 B スプライン基底関数が矩形関数の 3 回畳み込みであることから，2 次 B スプライン基底関数のフーリエ変換は sinc 関数の 3 乗になる。よって，実空間における上述の 2 次元フィルタの畳み込みは，周波数空間においては下式 $V(u)$ の乗算で行えるため，高速化が可能となる（図 7.17）。具体的には FMSF のアルゴリズムのうち，Step2 の一部と Step3 を周波数空間で実施する。なお T を 7.1.2 で述べた基本幅とする。

$$V(u_x, u_z) = \left\{ \frac{\sin(\pi T u_z)}{\pi T u_z} \right\}^3 \left\{ 1 + \left(\frac{\sin \pi u_x}{\sin \pi u_c} \right)^4 \right\}^{-1} \tag{7.5}$$

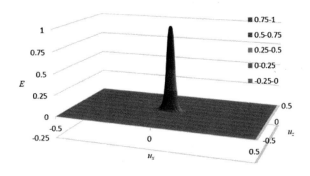

図 7.17　2 次元フィルタのフーリエ変換

【例題7.1】 DFT を用いた FMSF の計算式(7.5)が成立することを示せ。

（**解**） 2次元フィルタ $V(u_x, u_z)$ は2次元フィルタ $v(x,z)$ のフーリエ変換である。ここに

$$v(x, z) = s(x) * \rho(z)$$

で，$s(x)$ は SF の重み関数，$\rho(z)$は高速 M 推定法の損失関数である。これをフーリエ変換すると次式を得る。

$$V(u_x, u_z) = S(u_x)R(u_z) \tag{7.6}$$

$S(u_x)$は$s(x)$ のフーリエ変換で，式(4.26)より次式となる。

$$S(u_x) = \left\{ 1 + \left(\frac{\sin \pi u_x}{\sin \pi u_c} \right)^4 \right\}^{-1} \tag{7.7}$$

一方，$R(u_z)$は2次 B スプライン基底関数$\rho(z)$ のフーリエ変換であり，幅 T の矩形関数を 3 回畳み込んで得られる。幅 T の矩形関数のフーリエ変換は式(3.10)より次式となる。

$$\left. \begin{aligned} f(z) &= \frac{1}{T} \mathrm{rect}\left(\frac{x}{T} \right) \\ \rho(z) &= (f * f * f)(z) \end{aligned} \right]$$

これをフーリエ変換すると次式となる。

$$\left. \begin{aligned} F(u) &= \mathrm{sinc}(Tu) = \frac{\sin(\pi Tu)}{\pi Tu} \\ R(u) &= \{F(u)\}^3 \end{aligned} \right] \tag{7.8}$$

式(7.8)，(7.7)を式(7.6)に代入して次式を得る。

$$V(u_x, u_z) = \left\{ \frac{\sin(\pi T u_z)}{\pi T u_z} \right\}^3 \left\{ 1 + \left(\frac{\sin \pi u_x}{\sin \pi u_c} \right)^4 \right\}^{-1}$$

なお，基本幅 T は高速 M 推定のロバスト性を制御する。他方，例題3.1 で述べたように T が小さいとフーリエ変換と離散フーリエ変換の誤差が大きくなる。よって，適度な基本幅の調整が必要になる。

120

8. スロープに対応可能なロバストフィルタ

第6章と第7章で主なロバストフィルタを紹介したが，ISO 16610-30 で定めるスロープに対してはいずれも対応できなかった。そこで，繰り返し演算型ではなく，再量子化型と L_1 ノルムを組み合わせたスロープに対応可能なロバストフィルタ[37]を紹介する。L_1 ノルム型であるので上位互換性は満たせないが，ロバスト性ではさらに一歩進んだ結果が得られる。

8.1 再量子化型 L_1 ノルムロバストガウシアンフィルタの理論

上位互換にこだわらず，ステップやスロープに追従できるロバストフィルタは以下の条件を満たさなければならない。

① L_1 ノルム型であること

② 解析的に解けること，すなわち繰り返し演算をしないこと

条件②は再量子化型で満たすことができる。条件①を満たすには，損失関数として L_1 ノルムを用いる，即ち x 方向のフィルタ適用後に中央値を出力すればよい。

$$\varepsilon_k = \sum_{i=0}^{N-1} |z_i - w_k| s(x_{k-i}) \to \text{Min} \tag{8.1}$$

これを解いて，

$$w_k = \underset{i}{\text{med}}\{z_i, s(x_{k-i})\} \tag{8.2}$$

である。ここに式(8.2)は z_i を大きさ順に並べたとき，重み付きの $s(x_{k-i}) z_i$ の総和がちょうど半分になる中央の z_i を表すものとする。

具体的な処理手順は，測定 x 方向にガウシアンフィルタ（GF）を適用するまでは FMGF と同じである。その後，高さ z 方向に 2 次 B スプライン基底関数を適用せず，各 x 座標で大 or 小順に重みを足してゆき，中央値となる重みのあるセルを出力するのみで実現できる。なお，GF は正規化されている（重みの合計が 1）ため，z 方向の大 or 小順に重みを足してゆき，重みの累積和が 0.5 となる z 座標が出力となる。なお，x 方向に GF 適用後の z 軸方向の分布において，平均値をとれば GF の出力である。また，z 方向に 2 次 B スプライン基底関数を適用し，モード値（最頻値）を出力するのが FMGF である。

8.2 再量子化型 L_1 ノルムロバストガウシアンフィルタのアルゴリズム

Step 1：データの点対称拡張

Step 2：z 軸の再量子化と GF 適用
　z 軸を Δz 間隔で再量子化し重みを投票，投票された重みと GF とで x 方向に畳み込み演算を行う（図 6.4）。

Step 3：中央値計算
　$x = x_i$ で切った各断面において，式(8.2)の中央値を算出する。これが，x_i における L_1 ノルム型ロバスト GF の出力となる。

8.3 再量子化型 L_1 ノルムロバストガウシアンフィルタの性能

　ステップに対する性能は FMGF と同様である(図 8.1)。スロープに対しても L_1 ノルム型ロバスト GF は変曲点付近でもなまらず抽出できている(図 8.2)。なお，外れ値が含まれない断面曲線に対する出力は，通常の GF の出力とは一致せず，上位互換性は満たせない(図 8.3)。なお，このフィルタの出力は中央値を取る都合上，入力データのどれかと同じ値しか出力できない．そのため，再量子化数が少ないとがたついた出力となるため，再量子化は多くする必要がある．

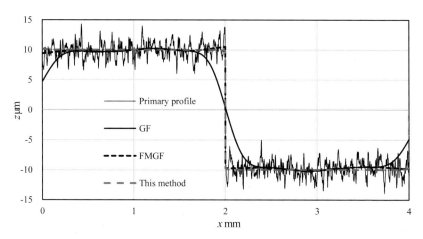

図 8.1　ステップに対する再量子化型 L_1 ノルムロバスト GF の性能

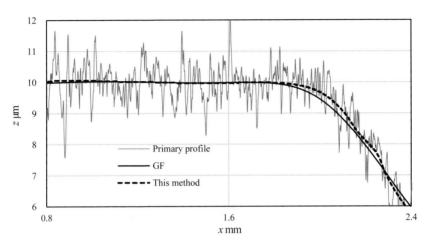

図 8.2　スロープに対する再量子化型 L_1 ノルムロバスト GF の性能

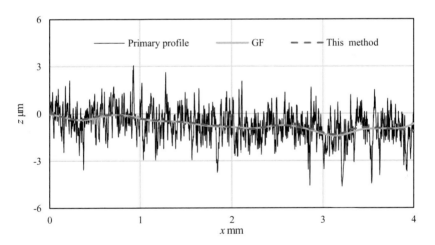

図 8.3　外れ値が含まれない断面曲線に対する再量子化型 L_1 ノルムロバスト
GF の性能

【例題 8.1】　式(8.1)の解が式(8.2)であることを示せ。

（解）式(8.1)を満足する出力 w_k を求めるには，w_k で ε_k を偏微分し 0 とおく。

$$\frac{\partial \varepsilon_k}{\partial w_k} = \sum_{i=0}^{N-1} \mathrm{sgn}(w_k - z_i)s(x_{k-i}) = 0 \tag{8.3}$$

　ここで，z_i を大きさ順（昇順）に並び替えて $z_i^* = \{z_0^*, z_1^*, \ldots, z_{N-1}^*\}$ とし，$w_k = z_i^*$ となる i を I とすると次式が成立する。なお，$s_{ki}^* = \{s_k^*, s_{k1}^*, \ldots, s_{k(N-1)}^*\}$ を，z_i の並び替え順に従って並び替えられた重み関数 s_{ki} とする。

$$\sum_{i=0}^{N-1} \mathrm{sgn}(w_k - z_i)s(x_{k-i}) = \sum_{i=0}^{N-1} \mathrm{sgn}(w_k - z_i^*)s_{k-i}^*$$

$$= \sum_{i=0}^{I-1} \mathrm{sgn}(w_k - z_i^*)s_{k-i}^* + \sum_{i=I+1}^{N-1} \mathrm{sgn}(w_k - z_i^*)s_{k-i}^*$$

$$= \sum_{i=0}^{I-1} S_{k-i}^* - \sum_{i=I+1}^{N-1} S_{k-i}^* = 0 \tag{8.4}$$

即ち，I は重み付きの $s_{ki}^* z_i^*$ の総和がちょうど半分になる中央の z_I^* を表す i の番号である。よって，z_i を大きさ順にならべたとき，重み付きの $s(x_{ki})\, z_i$ の総和がちょうど半分になる中央の z_i が出力 w_k になる。なお，ちょうど半分になる中央の z_i がみつからない場合は，半分に最も近くなる z_i の周辺から重み $s(x_{ki})$ を考慮しつつ計算で求めることになる。

9. 三次元表面性状用 2 次元フィルタ

三次元の表面性状の分析には，2 次元のローパスフィルタが適用される[39].

9.1 三次元表面性状用 2 次元ガウシアンフィルタ

式(1.3)に示す 1 次元のガウシアンフィルタ(GF)[40]の重み関数 $s(x)$ を 2 次元に拡張して，次式の重み関数 $s(x, y)$ を得る。

$$s(x, y) = \frac{1}{\alpha^2 \lambda_c^2} \exp\left[-\pi\left(\frac{x^2 + y^2}{\alpha^2 \lambda c^2}\right)\right] \qquad (9.1)$$

2 次元 GF の畳み込み演算は 2 通りの手法で実行できる．第 1 は，式(9.1)の 2 次元フィルタを平面形状 $z(x, y)$ へ直接畳み込む手法である．これは計算コストが非常に大きい．第 2 は，式(1.3)に示す x 方向 1 次元フィルタを平面形状 $z(x, y)$ へ順次畳み込んだ後，式(1.3)同様の y 方向 1 次元フィルタを平面形状 $z(x, y)$ へ順次畳み込む手法である．第 1 と第 2 の手法は計算結果が等しいものの，第 2 の手法の方が第 1 の手法よりも格段に計算速度が速い。2 つの手法の結果が同じになるのは，2 次元フィルタが等方性（中心からの距離が同じなら重みが同じ）をもつからに他ならない。

式(9.1)の重み関数の振幅伝達特性は，式(3.13)を 2 次元に拡張して次式を得る。

$$\frac{a_1}{a_0} = \exp\left[-\pi\alpha^2 \lambda c^2 \left(\frac{1}{\lambda_x^2} + \frac{1}{\lambda_y^2}\right)\right] \qquad (9.2)$$

この振幅伝達特性を図 9.1 に示す。実領域の重み関数同様に周波数領域の振幅伝達関数も等方性をもつ。すなわち，振幅伝達率の等高線は同心円状になる。

9.2 三次元表面性状用 2 次元スプラインフィルタ

9.2.1 ISO /DIS 16610-62

ISO/DIS 16610-62 は三次元表面性状用スプラインフィルタ(SF)について定めている[41].

$$\left.\begin{aligned}
W &= A_y Z A_x^T \\
A_x &= \left[E + \beta\alpha_x^2 P + (1 - \beta)\alpha_x^4 Q\right]^{-1} \\
A_y &= \left[E + \beta\alpha_y^2 P + (1 - \beta)\alpha_y^4 Q\right]^{-1}
\end{aligned}\right\} \qquad (9.3)$$

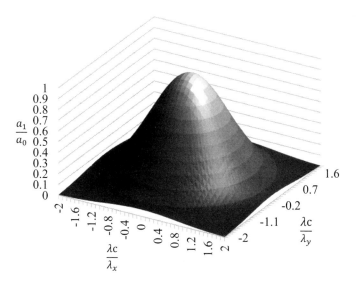

図9.1 三次元表面性状用ガウシアンフィルタの振幅伝達特性

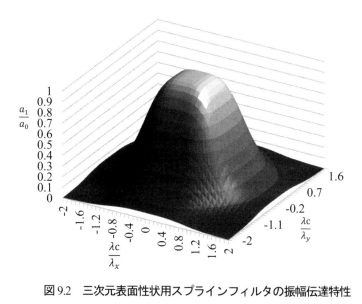

図9.2 三次元表面性状用スプラインフィルタの振幅伝達特性

ZおよびWは入力および出力の2次元行列，Eは単位行列，PおよびQは4.2.2で示した2次元行列，A_xおよびA_yは式(4.14)から導かれる2次元逆行列である．このフィルタの振幅伝達率は次のとおりである．なお，$r = x, y$とする．

$$\frac{a_{r,1}}{a_{r,0}} = \left[1 + \beta \alpha_r^2 \sin^2 \frac{\pi \Delta r}{\lambda_r} + 16(1 - \beta) \alpha_r^4 \sin^4 \frac{\pi \Delta r}{\lambda_r} \right]^{-1} \tag{9.4}$$

上式の振幅伝達特性は方向特性に問題があり，図9.2に示すように等高線は同心円状にならない．式(9.3)の演算が，x方向のフィルタ処理の後にy方向のフィルタ処理（またはその逆の順番）で行われるためである．三次元表面性状用GF[40]の振幅伝達率の等高線が同心円になるのとは異なる．

9.2.2 方向特性を改善したフィルタ

振幅伝達特性の方向特性の問題を解決するため，式(A1.1)を面領域に拡張した次式を解く[15],[42],[43].

$$\varepsilon = \sum_{l=0}^{M-1} \sum_{k=0}^{N-1} (w_{k,l} - z_{k,l})^2$$
$$+ \mu \int_{y_0}^{y_{M-1}} \int_{x_0}^{x_{N-1}} \{w''(x, y)\}^2 \ dx \, dy \to \text{Min} \tag{9.5}$$

この振幅伝達率は次式となる．

$$\frac{a_1}{a_0} = \left[1 + 16 \alpha^4 \left(\sin^2 \frac{\pi \Delta x}{\lambda_x} + \sin^2 \frac{\pi \Delta y}{\lambda_y} \right)^2 \right]^{-1} \tag{9.6}$$

$\Delta x / \lambda_x$，$\Delta y / \lambda_y$ が十分に小さいと次式を得る．

$$\frac{a_1}{a_0} \approx \left[1 + 16 \alpha^4 \sin^4 \sqrt{\left(\frac{\pi \Delta x}{\lambda_x} \right)^2 + \left(\frac{\pi \Delta y}{\lambda_y} \right)^2} \right]^{-1} \tag{9.7}$$

これは式(4.28)で$\beta = 0$とした場合の拡張版であり，振幅伝達率を図9.3に示す．同図(a)と(b)は振幅伝達率の斜視図と平面図で，等高線が同心円であることがわかる．同図(c)は式(9.6)と式(9.7)の振幅伝達率の差分で，3×10^{-5}以下と非常に小さい．なお，$\Delta x = \Delta y = \lambda c / 200$ とした．

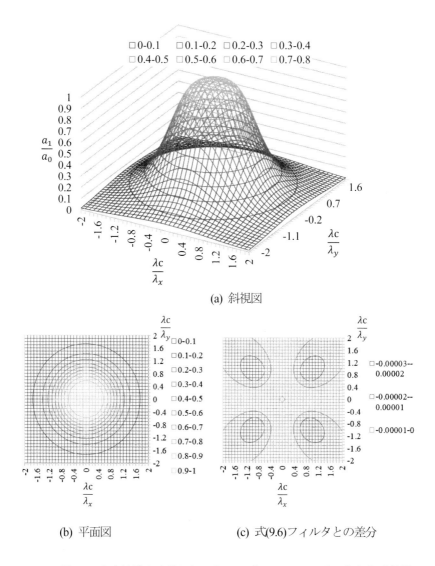

(a) 斜視図

(b) 平面図

(c) 式(9.6)フィルタとの差分

図9.3　方向特性を改善した三次元スプラインフィルタの振幅伝達特性

128

【参考文献】

[1] JIS B 0601：2001 製品の幾何特性仕様（GPS）－表面性状：輪郭曲線方式－用語，定義 及び表面性状パラメータ（ISO 4287:1997），日本規格協会.

[2] D.J. Whitehouse: Handbook of Surface Metrology, Institute of Physics Publishing, 751, 1994.

[3] 原精一郎，塚田 忠夫：粗さ曲線のための位相補償ディジタルフィルタ適用に関する研 究，精密工学会誌，Vol.62，No.4, 594-598, 1996.

[4] 原精一郎，塚田 忠夫：粗さ曲線のためのインラインディジタルフィルタリングに関す る研究，精密工学会誌，Vol.62，No.7，953-957, 1996.

[5] ISO 11562: Geometrical product specifications (GPS) – Surface texture: Profile method – Metrological characteristics of phase correct filters, 1996. （廃止）

[6] JIS B 0632：2001 製品の幾何特性仕様（GPS）－表面性状：輪郭曲線方式－位相補償フ ィルタの特性（ISO 11562:1996）（廃止），日本規格協会.

[7] ISO 16610-21, Geometrical product specifications (GPS) – Filtration – Part 21: Linear profile filters: Gaussian filters; 2011.

[8] JIS B 0634：2017 製品の幾何特性仕様（GPS）－フィルタ処理－線形の輪郭曲線フィル タ：ガウシアンフィルタ（ISO 16610-21:2011），日本規格協会.

[9] ISO 16610-28, Geometrical product specifications (GPS) – Filtration–, Part 28: Profile filters: End effects, 2016.

[10] ISO 4287: 2009 Geometrical Product Specifications (GPS) – Surface texture: Profile method – Terms, definitions and surface texture parameters; 1997 (Amd.1:2009).

[11] JIS B 0601：1952(改訂 2013) 製品の幾何特性仕様（GPS）－表面性状：輪郭曲線方式－用 語，定義及び表面性状パラメータ（ISO 4287:1997, Amd.1:2009），日本規格協会.

[12] 柳和久，原精一郎：ISO での「製品の幾何特性仕様：表面性状」に呼応して，精密工学 会誌, Vol.69, No.8, pp.1057-1060, 2003.

[13] 沼田宗敏，野村俊，神谷和秀，田代発造，輿水大和：高速離散的フーリエ変換を用いた B-spline 曲面あてはめ，精密工学会誌論文集, Vol. 71, No. 7, pp.860-867, 2005.

[14] Michael Krystek: Form filtering by splines, Measurement, Vol.18, No.1, pp.9-15, 1996.

[15] 糠谷晃，原精一郎，笹島和幸：二次元スプラインフィルタの表面性状解析への適用, 2006 年精密工学会春季大会, E79, p.395-396, 2006.

[16] ISO 16610-22, Geometrical product specifications (GPS) – Filtration–, Part 22: Linear profile filters: Spline filters, 2015.

[17] D.G. Schweikert: An Interpolation Curve Using a Spline in Tension, Journal of Mathematics and Physics, Vol.45, pp.312-317, 1966.

[18] Unser M, Aldroubi A, Eden M.: B-Spline Signal Processing,: Part I-Theory, IEEE Transactions on Signal Processing , Vol. 41, No. 2, pp. 821-48, 1993.

[19] M. Numada, T. Nomura, K. Yanagi, K. Kamiya and H. Tashiro: High-order spline filter and ideal low-pass filter at the limit of its order, Precision Engineering, Vol. 31, No. 3, pp. 234-242, 2007.

[20] H. Zhang, Y. Yuan, Y. Cheng: High-order spline filter: Design and application to surface metrology, Precision Engineering, Vol. 40, pp. 74-80, 2015.

[21] 沼田宗敏 等：有限長データ用ローパスフィルタの研究（第 2 報）－最小 2 乗基準によ るローパスフィルター，精密工学会誌論文集, Vol. 72, No. 5, pp. 607-611, 2006.

[22] 沼田宗敏，野村俊，神谷和秀，田代発造，柳和久，輿水大和：エンド効果を解消する自 然スプラインフィルタ，精密工学会誌論文集, Vol. 72, No. 10, pp. 1281-1285, 2006.

[23] ISO 16610-30, Geometrical product specifications (GPS) - Filtration - Part30: Robust profile filters: Basic concepts, 2015.

[24] 近藤雄基, 吉田一朗, 沼田宗敏, 輿水大和:プラトーホーニング面などの機能性表面に有効なロバストフィルタの動向と事例, 砥粒加工学会誌, Vol.61, No.11, pp.590-593, 2017.

[25] S. Brinkmann et al.: Accessing roughness in three-dimensions using Gaussian regression filtering, Machine Tools, 2001.

[26] Jörg Seewig: Linear and robust Gaussian regression filters, Journal of Physics Conference Series 13(1), pp.254-257, 2005.

[27] ISO 16610-31, Geometrical product specifications (GPS) – Filtration –, Part 31: Robust profile filters: Gaussian regression filters, 2016.

[28] 後藤智徳 : 表面性状評価のためのトポグラフィデータ処理技術, 精密工学会誌, Vol.76, No.9, pp.1007-1010, 2010.

[29] ISO/TS 16610-32, Geometrical product specifications (GPS) – Filtration –, Part 32: Robust profile filters: Spline filters, 2009. (廃止)

[30] Dorothee H"user, Selected Filtration Methods of the Standard ISO 16610, 5 Precision Engineering, PTB April 13, 2016.

[31] T. Goto, J. Miyakura, K. Umeda, S. Kadowaki, K. Yanagi: A Robust Spline Filter on the Basis of L2-norm, Precision Engineering, Vol.29, pp.157-61 (2005).

[32] 特許第 4427258 号「信号処理方法, 信号処理プログラム, この信号処理プログラムを記憶した記録媒体および信号処理装置」(ミツトヨ).

[33] Y. Kondo, M. Numada, H. Koshimizu, K. Kamiya and I. Yoshida, Low-pass filter without the end effect for estimating transmission characteristics -Simultaneous attaining of the end effect problem and guarantee of the transmission characteristics, Precision Engineering, Vol.48, pp.243-253, 2017.

[34] 近藤雄基, 沼田宗敏, 輿水大和, 神谷和秀, 吉田一朗 : ロバスト性調整可能な高速 M 推定ガウシアンフィルタ, 精密工学会誌, Vol. 82, No. 3, 272-277, 2016.

[35] Y. Kondo, M. Numada, K. Takahashi, I. Yoshida and H. Koshimizu: A Proposal of a Spline Filter that Achieves Both Robustness and Lower Compatibility, Nanomanufacturing and Metrology (Springer), 4, 2 (2021) 77-85.

[36] 外山正道, 近藤雄基, 椿浩也, 沼田宗敏, 輿水大和 : ロバストスプラインフィルタ周波数型 2 次元フィルタ高速計算法開発 (第 2 報), 2021 年度精密工学会秋季大会学術講演会講演論文集, H90, p.600-601, 2021.

[37] Y. Kondo et al.: L1-norm Gaussian filter satisfying all three robust examples in ISO 16610-30, Measurement, 181(2021)109622, 1-13.

[38] 鷲見昇太郎, 沼田宗敏, 近藤雄基 : L1 ノルムを用いた外れ値に対応可能なロバストスプラインフィルタの提案, 2021 年度精密工学会秋季大会学術講演会講演論文集, H89, p.598-599, 2021.

[39] 沼田宗敏, 近藤雄基 : 表面性状用スプラインフィルタの最新動向, トライボロジスト, 67, 11 (2022) 17-23.

[40] ISO 16610-61, Geometrical product specifications (GPS) – Filtration –, Part 61: Linear areal filters – Gaussian filters, 2015.

[41] ISO/DIS 16610-62, Geometrical product specifications (GPS) – Filtration –, Part 62: Linear areal filters – Spline filters, 2021.

[42] T. Goto, K. Yanagi: An optimal discrete operator for the two-dimensional spline filter, Measurement Science and Technology, Vol. 20, No. 12, pp.125105-125125, 2009.

[43] S.Huang, M. Tong, W. Huang, X. Zhao: An Isotropic Areal Filter Based on High-Order Thin-Plate Spline for Surface Metrology, IEEE Access, Vol.7, pp.116809-116822, 2019.

問　題

サンプルプログラムのアドレスは以下である。

http://yoshida-lab.ws.hosei.ac.jp/SP/DL.html

■ 問題 1.1

　カットオフ波長が $\lambda c = 0.8\,\mathrm{mm}$ のガウシアンフィルタにおける，　(a) $\lambda = 2.5\,\mathrm{mm}$ の振幅伝達率, (b) $\lambda = 0.25\,\mathrm{mm}$ の振幅伝達率を計算せよ。

■ 問題 2.1

　評価長さを $L = 4\,\mathrm{mm}$ として，波長 $\lambda = 0.8\,\mathrm{mm}$ で振幅 $2\,\mu\mathrm{m}$ の正弦波に振幅 $0.5\,\mu\mathrm{m}$ のランダムノイズを加え断面曲線を合成する。サンプリング間隔を $10\,\mu\mathrm{m}$ とし，これにフィルタ幅 λc のガウシアンフィルタを適用する。なお予備長さを前後に設けてよい。

(a) フィルタ幅 λc およびデータ数 n はいくらか？

(b) 断面曲線と平均線のグラフを描け（Excel または Python を使え）。

(c) フィルタの実装誤差を計算せよ。

(d) 波長 $\lambda = 0.8\mathrm{mm}$ の振幅伝達率はどれだけか？また理論値と比べて何がわかるか？

■ 問題 2.2

　問題 2.1 で作成した断面曲線を用いて，下記のエンド効果の対策のグラフと $E = \sqrt{\sum\{w(x) - z(x)\}^2}$(ただしエンド効果の生じる両側 $\lambda c/2$ の範囲のエリア)で示せ。

　　(a) ゼロパディング　　　　(b) 線対称拡張　　　　(c) 点対称拡張

■ 問題 3.1

フィルタ演算をフーリエ変換で行い，畳み込み演算との結果を例示せよ（入力との2乗誤差の総和をもって比較を行うこと）。

■ 問題 3.2

(a) 問題 2.1 で用いたガウシアンフィルタをフーリエ変換し，振幅伝達特性をグラフ化せよ。

(b) 式(3.13)より，振幅伝達特性 をグラフに描け。

■ 問題 3.3

(a) 適当なデータ数 N で周期 k の複数(3 以上)の正弦波（最低 1 つは位相ズレ）を作成する。

  1) 合成して $z(x)$ とせよ。ガウシアンフィルタを適用し $w(x)$ を作成せよ。

  2) $z(x)$ の離散フーリエ変換 $Z(u_k)$ を求め，なぜその値になるかを調べよ。

  3) それぞれの成分の正弦波に $S(u_k)$ を乗じて，新たな正弦波を作成せよ。

  4) 新たな合成正弦波 $w'(x)$ を作り，$w(x)$ と一致することを確認せよ。

(b) 問題 2.1 で用いたガウシアンフィルタ $s(x)$ の離散フーリエ変換 $S(u_k)$ を，$z(x)$ の離散フーリエ変換 $Z(u_k)$ と $w(x)$ の離散フーリエ変換 $W(u_k)$ から計算する。

  ① 振幅伝達率が $s(x)$ の離散的フーリエ変換 $S(u_k)$ に一致することを確認せよ。

  ② 位相遅れが 0 であることを確認せよ。

(c) 上記の $w(x)$ をデータ数 m だけずらしてみよ（周期性を失わないように注意すること）。その上で，再度 $s(x)$ の離散フーリエ変換 $S(u_k)$ を，$z(x)$ の離散フーリエ変換 $Z(u_k)$ と $w(x)$ の離散フーリエ変換 $W(u_k)$ から計算し，振幅伝達率と位相遅れを計算せよ。

  1) 計算で得られた $S(u_k)$ の振幅伝達率は $w(x)$ をデータ数 m だけずらしたことによる影響はどの程度あるか？

  2) 位相遅れとデータ数 m とはどのような関係があるか？

■ 問題 4.1

(a) 適当なデータを作り，サンプルプログラムを用いて，sinc 関数補間を実施せよ。（元データが偶数個，奇数個の 2 つの場合で）

(b) 適当なデータを作り，サンプルプログラムを用いて，B スプライン補間を実施せよ。（元データが偶数個，奇数個の 2 つの場合で）

(c) sinc 関数補間と B スプライン補間をデータで比較（グラフ化）せよ。

(d) 問題 3.3 の $z(x)$ を B スプライン近似せよ。

■ 問題 5.1

凸型の断面曲線に対しガウシアンフィルタとスプラインフィルタ（非周期型）の双方を実施し，グラフ表示し，エンド効果について考察せよ。

■ 問題 6.1

凸型の断面曲線に対しガウシアンフィルタとスプラインフィルタ（非周期型）の双方を実施し，エンド効果を指数 E_R を用いて評価せよ。

■ 問題 7.1

図 6.5 の点対称拡張を用いた DFT 型スプラインフィルタでは，点対称拡張されたデータの両端近傍で平均線にエンド効果が発生している。

(*a*) その原因を述べよ。

(*b*) 点対称拡張された断面曲線の両端近傍においてもエンド効果を発生しないようにするには前処理として何を施せばよいか?

■ 問題 8.1

凸型の断面曲線に対しガウシアンフィルタとスプラインフィルタ（非周期型）の双方を実施し，エンド効果を指標 ε_R により評価せよ。

■ 問題 9.1

(*a*) Tukey の Beaton 関数を描き，最小 2 乗法の評価関数である 2 次関数と重ね描きせよ。

(*b*) 外れ値のない断面曲線に対し，ロバストガウシアンフィルタがガウシアンフィルタと異なる結果を与える理由を考察せよ。

■ 問題 10.1

(*a*) 外れ値のない断面曲線に対し，スプラインフィルタとロバストスプラインフィルタを適用し，①差分を検証（グラフ化），② PV に対する差分の RMSE 値，を求めよ。

(*b*) 外れ値のある断面曲線に対し，スプラインフィルタとロバストスプラインフィルタを適用し，効果を確かめよ。

解　答（一部のみ収録）

問題 1.1

振幅伝達率は（1.6）式より次式である。

$$S(u) = \exp(-2\pi^2 \sigma^2 u^2)$$

ここに，$\lambda c = 0.8$mm なので $\sigma \approx 0.1874\lambda c \approx 0.15$ mm となる。

(a) $u = 1/\lambda = 1/(2.5\text{mm}) = 0.4$ mm^{-1} とすると，

　　$S(0.4) \approx \exp(-2\times3.14^2\times0.15^2\times0.4^2) \approx 9.31\times10^{-1}$

(b) $u = 1/\lambda = 1/(0.25\text{mm}) = 4$ mm^{-1} とすると，

　　$S(4) \approx \exp(-2\times3.14^2\times0.15^2\times4^2) \approx 8.26\times10^{-4}$

問題 2.1

(a) $\lambda c = lr = ln/5 = L/5 = 0.8$mm，$n = L/\Delta x = 4/0.01 = 400$

(b) 断面曲線と平均線のグラフの例

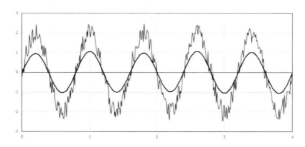

単位は横軸 mm，縦軸 μm である．正弦波の位相がずれていても構わない．
予備長さを設けない場合，平均線は評価長さの両端各々0.4 mm の範囲で正弦波形が崩れる．この範囲で正しい振幅伝達率を得ることはできない．

(c) フィルタの実装誤差 0.7626 ％

(d) 振幅伝達率 $a_1/a_0 = 51.07$％．カットオフ波長のため理論値は50％の筈であるが，フィルタの実装誤差が振幅伝達率に影響を与えた．

付録A　テンションパラメータを含むスプラインフィルタの計算

A.1　テンションパラメータを含むスプラインフィルタの計算式

テンションパラメータによりスプラインに張力をもたせるため, 式(4.5)の平滑化スプラインの式を以下のように拡張する。1 次の平滑化スプラインと 3 次の平滑化スプラインをテンションパラメータ β で繋いだカスケード接続である。$\beta=0$ なら通常のスプラインフィルタ(SF)で 3 次の平滑化スプラインである。$\beta=0$ なら 1 次のみの平滑化スプラインになる。

$$
\varepsilon = \sum_{i=0}^{N-1} (w_i - z_i)^2 + \beta\mu_1 \int_{x_0}^{x_{N-1}} \{w'(x)\}^2 dx
$$
$$
+ (1-\beta)\mu_2 \int_{x_0}^{x_{N-1}} \{w''(x)\}^2 dx \rightarrow \text{Min} \tag{A1.1}
$$

式(A1.1)を離散化して次式を得る。Δx を離散化間隔, ∇ を微分演算子とする。

$$
E = \sum_{i=0}^{N-1} (w_i - z_i)^2 + \frac{\beta\mu_1}{\Delta x} \sum_{i=0}^{N-1} (\nabla w_i)^2 + \frac{(1-\beta)\mu_2}{\Delta x^3} \sum_{i=0}^{N-1} (\nabla^2 w_i)^2 \tag{A1.2}
$$

ここで E が最小となる w_i を計算するため w_k で偏微分する。

$$
\frac{\partial E}{\partial w_k} = 2(w_k - z_k) + \frac{2\beta\mu_1}{\Delta x} \sum_{i=0}^{N-1} \left\{ \nabla w_i \left(\frac{\partial}{\partial w_k} \nabla w_i \right) \right\}
$$
$$
+ \frac{2(1-\beta)\mu_2}{\Delta x^3} \sum_{i=0}^{N-1} \left\{ \nabla^2 w_i \left(\frac{\partial}{\partial w_k} \nabla^2 w_i \right) \right\} = 0 \tag{A1.3}
$$

1) 非周期自然スプラインの場合

w_i が非周期の自然スプラインであるとすると自然境界条件より, $\nabla^2 w_0 = \nabla^2 w_{N-1} = 0$ が成立する。よって式 (A1.3)は以下のようになる。

・$k=0$ のとき,

$$
(w_0 - z_0) + \frac{\beta\mu_1}{\Delta x} \sum_{i=0}^{N-1} \left\{ \nabla w_i \left(\frac{\partial}{\partial w_0} \nabla w_i \right) \right\} + \frac{(1-\beta)\mu_2}{\Delta x^3} \sum_{i=0}^{N-1} \left\{ \nabla^2 w_i \left(\frac{\partial}{\partial w_0} \nabla^2 w_i \right) \right\} = 0
$$

ここで, $\nabla w_0 = w_1 - w_0$, $\nabla^2 w_0 = 0$, $\nabla^2 w_1 = w_2 - 2w_1 + w_0$ であるから,

$$(w_0 - z_0) + \frac{\beta \mu_1}{\Delta x}(-w_1 + w_0) + \frac{(1-\beta)\mu_2}{\Delta x^3}(w_2 - 2w_1 + w_0) = 0$$

・同様に $k=1$ のとき,

$$(w_1 - z_1) + \frac{\beta \mu_1}{\Delta x}(-w_2 + 2w_1 - w_0)$$
$$+ \frac{(1-\beta)\mu_2}{\Delta x^3}(w_3 - 4w_2 + 5w_1 - 2w_0) = 0$$

・$k=2, 3, \cdots, N{-}3$ のとき,

$$(w_k - z_k) + \frac{\beta \mu_1}{\Delta x}(-w_{k+1} + 2w_k - w_{k-1})$$
$$+ \frac{(1-\beta)\mu_2}{\Delta x^3}(w_{k+2} - 4w_{k+1} + 6w_k - 4w_{k-1} + w_{k-2}) = 0$$

・$k=N{-}2$ のとき,

$$(w_{N-2} - z_{N-2}) + \frac{\beta \mu_1}{\Delta x}(-w_{N-1} + 2w_{N-2} - w_{N-3})$$
$$+ \frac{(1-\beta)\mu_2}{\Delta x^3}(-2w_{N-1} + 5w_{N-2} - 4w_{N-3} + w_{N-4}) = 0$$

・$k=N{-}1$ のとき,

$$(w_{N-1} - z_{N-1}) + \frac{\beta \mu_1}{\Delta x}(w_{N-1} - w_{N-2}) + \frac{(1-\beta)\mu_2}{\Delta x^3}(w_{N-1} - 2w_{N-2} + w_{N-3}) = 0$$

まとめると次式になる。

$$
\begin{pmatrix} w_0 \\ w_1 \\ w_2 \\ \vdots \\ w_k \\ \vdots \\ w_{N-3} \\ w_{N-2} \\ w_{N-1} \end{pmatrix} + \frac{\beta \mu_1}{\Delta x}
\begin{pmatrix}
1 & -1 & & & & & & \\
-1 & 2 & -1 & & & & & \\
 & -1 & 2 & -1 & & & & \\
 & & \ddots & \ddots & \ddots & & & \\
 & & & -1 & 2 & -1 & & \\
 & & & & \ddots & \ddots & \ddots & \\
 & & & & & -1 & 2 & -1 \\
 & & & & & & -1 & 2 & -1 \\
 & & & & & & & -1 & 1
\end{pmatrix}
\begin{pmatrix} w_0 \\ w_1 \\ w_2 \\ \vdots \\ w_k \\ \vdots \\ w_{N-3} \\ w_{N-2} \\ w_{N-1} \end{pmatrix}
$$

$$
+ \frac{(1-\beta)\mu_2}{\Delta x^3}
\begin{pmatrix}
1 & -2 & 1 & & & & & \\
-2 & 5 & -4 & 1 & & & & \\
1 & -4 & 6 & -4 & 1 & & & \\
 & \ddots & \ddots & \ddots & \ddots & \ddots & & \\
 & & 1 & -4 & 6 & -4 & 1 & \\
 & & & \ddots & \ddots & \ddots & \ddots & \ddots \\
 & & & & 1 & -4 & 6 & -4 & 1 \\
 & & & & & 1 & -4 & 5 & -2 \\
 & & & & & & 1 & -2 & 1
\end{pmatrix}
\begin{pmatrix} w_0 \\ w_1 \\ w_2 \\ \vdots \\ w_k \\ \vdots \\ w_{N-3} \\ w_{N-2} \\ w_{N-1} \end{pmatrix} =
\begin{pmatrix} z_0 \\ z_1 \\ z_2 \\ \vdots \\ z_k \\ \vdots \\ z_{N-3} \\ z_{N-2} \\ z_{N-1} \end{pmatrix}
$$

ここで，

出力データ $W = (w_0\, w_1\, \cdots\, w_{N-1})^{\mathrm{T}}$ ，

入力データ $Z = (z_0\, z_1\, \cdots\, z_{N-1})^{\mathrm{T}}$ ，

単位行列 I ，

$$
\text{係数行列}\quad P = \begin{pmatrix}
1 & -1 & & & & & & & \\
-1 & 2 & -1 & & & & & & \\
& -1 & 2 & -1 & & & & & \\
& & \ddots & \ddots & \ddots & & & & \\
& & & -1 & 2 & -1 & & & \\
& & & & \ddots & \ddots & \ddots & & \\
& & & & & -1 & 2 & -1 & \\
& & & & & & -1 & 2 & -1 \\
& & & & & & & -1 & 1
\end{pmatrix} ,
$$

$$
\text{係数行列}\quad Q = \begin{pmatrix}
1 & -2 & 1 & & & & & & \\
-2 & 5 & -4 & 1 & & & & & \\
1 & -4 & 6 & -4 & 1 & & & & \\
& \ddots & \ddots & \ddots & \ddots & \ddots & & & \\
& & 1 & -4 & 6 & -4 & 1 & & \\
& & & \ddots & \ddots & \ddots & \ddots & \ddots & \\
& & & & 1 & -4 & 6 & -4 & 1 \\
& & & & & 1 & -4 & 5 & -2 \\
& & & & & & 1 & -2 & 1
\end{pmatrix} \tag{4.10}
$$

とおくと，次式が得られる。P は 1 次スプラインの係数行列， Q は 3 次スプライン
の係数行列である。

$$
\left[I + \frac{\beta \mu_1}{\Delta x} P + \frac{(1-\beta)\mu_2}{\Delta x^3} Q \right] W = Z \tag{A1.4}
$$

ISO 16610-22 で定める SF の計算式 (4.14) と同様の形式が得られた。平滑化パラ
メータ μ_1, μ_2 を決定するには，振幅伝達特性の計算が必要になる。これについて
は，付録 A.2 で述べる。

2) 周期自然スプラインの場合

w_i が周期の自然スプラインであるとすると式 (4.11) が成立する。

$$
w_i = w_{N+i} \quad (i = 0,1,\cdots,N-1) \tag{4.11}\,^{再掲}
$$

137

自然境界条件の代わりに式 (4.11) の周期条件を使うと，式 (A1.3) から，

$k = 0, \cdots, N-1$ のとき，

$$(w_k - z_k) + \frac{\beta\mu_1}{\Delta x}(-w_{k+1} + 2w_k - w_{k-1})$$

$$+ \frac{(1-\beta)\mu_2}{\Delta x^3}(w_{k+2} - 4w_{k+1} + 6w_k - 4w_{k-1} + w_{k-2}) = 0 \qquad \text{(A1.5)}$$

となり，式(A1.4) と同様の式(A1.6) が得られる。入力行列 $\widetilde{Z}$ および出力行列 $\widetilde{W}$ はともに周期性を有する。

$$\left[I + \frac{\beta\mu_1}{\Delta x}\widetilde{P} + \frac{(1-\beta)\mu_2}{\Delta x^3}\widetilde{Q} \right]\widetilde{W} = \widetilde{Z} \qquad \text{(A1.6)}$$

係数行列も周期性をもつ次式を使う。

$$
\text{係数行列} \quad \widetilde{P} =
\begin{pmatrix}
2 & -1 & & & & & & & -1 \\
-1 & 2 & -1 & & & & & & \\
 & -1 & 2 & -1 & & & & & \\
 & & \ddots & \ddots & \ddots & & & & \\
 & & & -1 & 2 & -1 & & & \\
 & & & & \ddots & \ddots & \ddots & & \\
 & & & & & -1 & 2 & -1 & \\
 & & & & & & -1 & 2 & -1 \\
-1 & & & & & & & -1 & 2
\end{pmatrix},
$$

$$
\text{係数行列} \quad \widetilde{Q} =
\begin{pmatrix}
6 & -4 & 1 & & & & & 1 & -4 \\
-4 & 6 & -4 & 1 & & & & & 1 \\
1 & -4 & 6 & -4 & 1 & & & & \\
 & \ddots & \ddots & \ddots & \ddots & \ddots & & & \\
 & & 1 & -4 & 6 & -4 & 1 & & \\
 & & & \ddots & \ddots & \ddots & \ddots & \ddots & \\
 & & & & 1 & -4 & 6 & -4 & 1 \\
1 & & & & & 1 & -4 & 6 & -4 \\
-4 & 1 & & & & & 1 & -4 & 6
\end{pmatrix}
$$

平滑化パラメータ μ_1, μ_2 を決定するため，振幅伝達特の計算が必要になる。これについては非周期自然スプラインの場合と同様，付録A.2 で述べる。

A.2 テンションパラメータを含むスプラインフィルタの振幅伝達率

振幅伝達率は厳密には非周期スプラインで計算できない※。そこで周期性のある入力データをz_i，出力データをw_iとし，周期自然スプラインフィルタの重み関数をs_kとして式(4.17)を考える。これを離散フーリエ変換して次式を得る。

$$W(u_k) = S(u_k)Z(u_k) \qquad (k = 0, 1, \cdots, N-1) \tag{4.19 再掲}$$

ここに，$W(u_k), S(u_k), Z(u_k)$はそれぞれw_k, s_k, z_k の離散フーリエ変換である。また，空間周波数$u_k = 1/\Delta x$である。ここで，平滑化スプラインの定義式を微分して得られた式 (A1.5) を，2次微分演算子$\nabla^2 w_k = w_{k+1} - 2w_k + w_{k-1}$および4次微分演算子$\nabla^4 w_k = w_{k+2} - 4w_{k+1} + 6w_k - 4w_{k-1} + w_{k-2}$を用いて表すと次式になる。

$$(w_k - z_k) - \frac{\beta \mu_1}{\Delta x}\nabla^2 w_k + \frac{(1-\beta)\mu_2}{\Delta x^3}\nabla^4 w_k = 0 \tag{A2.1}$$

上式を離散フーリエ変換すると次式が得られる[18]。

$$-Z(u_k) + W(u_k) - \frac{\beta \mu_1}{\Delta x}D^2(z)W(u_k) + \frac{(1-\beta)\mu_2}{\Delta x^3}D^4(z)W(u_k) = 0 \tag{A2.2}$$

ここに，$D^2(z)$と$D^4(z)$はそれぞれ次式に示す∇^2と∇^4のZ変換で与えられる[19]。

$$\left.\begin{array}{l} D^2(z) = (z - 2 + z^{-1}) = -4\sin^2\pi u_k \\ D^4(z) = (z - 2 + z^{-1})^2 = (-4\sin^2\pi u_k)^2 \end{array}\right\} \tag{A2.3}$$

式 (A2.2)に式 (4.19)を代入すると次式が得られる。

$$Z(u_k)\left\{-1 + S(u_k) - \frac{\beta\mu_1}{\Delta x}D^2(z)S(u_k) + \frac{(1-\beta)\mu_2}{\Delta x^3}D^4(z)S(u_k)\right\} = 0 \tag{A2.4}$$

上式に式(A2.3) を代入することにより次式となる。

$$\begin{aligned} S(u_k) &= \left(1 - \frac{\beta\mu_1}{\Delta x}D^2(z) + \frac{(1-\beta)\mu_2}{\Delta x^3}D^4(z)\right)^{-1} \\ &= \left(1 + \frac{\beta\mu_1}{\Delta x}\sin^2\pi u_k + \frac{(1-\beta)\mu_2}{\Delta x^3}\sin^4\pi u_k\right)^{-1} \end{aligned} \tag{A2.5}$$

平滑化パラメータ μ_1, μ_2 は式（A2.5)で，カットオフ波長 λc のとき $S(u_c) = 0.5$ で
なければならない。ここに u_c はカットオフ周波数で，$u_c = 1/\lambda$c である。この条件を
解いて平滑化パラメータ μ が求められる。

$$\frac{4\beta\mu_1}{\Delta x}\sin^2\pi u_k + \frac{16(1-\beta)\mu_2}{\Delta x^3}\sin^4\pi u_k = 1 \tag{A2.6}$$

$\beta = 1$ とすると μ_1 が求まる。

$$\mu_1 = \frac{\Delta x}{4\sin^2\pi u_c}$$

$\beta = 0$ とすると μ_2 が求まる。

$$\mu_2 = \frac{\Delta x^3}{16\sin^4\pi u_c}$$

これを式（A2.5)に代入し下記の振幅伝達特性を得る。

$$S(u_k) = \left\{1 + \beta\left(\frac{\sin\pi u_k}{\sin\pi u_c}\right)^2 + (1-\beta)\left(\frac{\sin\pi u_k}{\sin\pi u_c}\right)^4\right\}^{-1} \tag{A2.6}$$

ここで，

$$u_k = \frac{\Delta x}{\lambda}, \alpha = \frac{1}{2\sin\pi u_c} \quad \text{とおくと次式になる。}$$

$$\frac{a_1}{a_0} = \left\{1 + 4\beta\alpha^2\sin^2\frac{\pi\Delta x}{\lambda} + 16(1-\beta)\alpha^4\sin^4\frac{\pi\Delta x}{\lambda}\right\}^{-1} \tag{A2.7}$$

これは ISO16610-22:2015 の式(8)に相当するが，前述のように，β の係数が誤って記
載されている。これらの平滑化パラメータ μ_1, μ_2 を式(A1.6)に代入して，

$$[\boldsymbol{I} + \beta\alpha^2\widetilde{\boldsymbol{P}} + (1-\beta)\alpha^4\widetilde{\boldsymbol{Q}}]\widetilde{\boldsymbol{W}} = \widetilde{\boldsymbol{Z}} \tag{4.15}^{再掲}$$

となる。式A1.4 に代入すると，非周期スプラインの式(4.14)が得られる。

$$[\boldsymbol{I} + \beta\alpha^2\boldsymbol{P} + (1-\beta)\alpha^4\boldsymbol{Q}]\boldsymbol{W} = \boldsymbol{Z} \tag{4.14}^{再掲}$$

※ 振幅伝達関数は逆行列 $[\boldsymbol{I} + \beta\alpha^2\boldsymbol{P} + (1-\beta)\alpha^4\boldsymbol{Q}]^{-1}$ の離散フーリエ変換として計算されるが，係数行
列 $\boldsymbol{P}$ と $\boldsymbol{Q}$ が周期性をもたないため周期スプラインの振幅伝達特性に一致しない。特に断面曲線の両端近傍
に適用する場合に顕著である。一方，断面曲線の中央付近に適用される場合は周期スプラインの振幅伝達
特性と同一とみなして差し支えない。

A.3 テンションパラメータを含むスプラインフィルタの振幅伝達特性のグラフ

1) テンションパラメータによる振幅伝達特性の違い

w_i が周期の自然スプラインだと式(4.11)が成立する。

テンションパラメータ β $(0 \leq \beta \leq 1)$ を変化させた場合の，SF の振幅伝達特性を図 A3.1 に示す。$\beta=0$ が通常の SF の振幅伝達特性で，β が大きくなるにつれて遮断特性が緩やかになっているのがわかる。$\beta=1$ が 1 次平滑化スプラインだけを用いた場合の振幅伝達特性である。

2) x 方向分解能 Δx の条件

振幅伝達率の式(A2.7)で，$\lambda \geq 2\Delta x$ の場合は λ が小さくなるにつれ $\sin(\pi\Delta x/\lambda)$ が大きくなるので振幅伝達率は小さくなる。振幅伝達率が一番小さくなるのは $\lambda=2\Delta x$ で $\sin(\pi\Delta x/\lambda)$ が最大の 1 となる場合である。λ を $2\Delta x$ よりも小さくすると $\sin(\pi\Delta x/\lambda)$ が 1 よりも小さくなるので振幅伝達率は増加に転じ，$\sin(\pi\Delta x/\lambda) \approx 0$ となる λ で大きな振動が起きる。よって次式の条件は重要である。

$$\lambda \geq 2\Delta x \tag{A3.1}$$

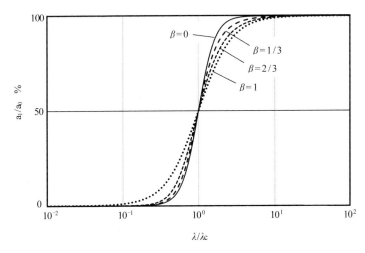

図 A3.1　テンションパラメータによる幅伝達特性の違い（$\Delta x = \lambda c / 200$）

141

このような条件は，ISO16610-22: 2015 に示されている。すなわち，標本化定理から導かれる※。

データ測定長さを $L=5\lambda c$ とおき，その間の計測点数が N とすると，$\Delta x = L/N = 5\lambda c/N$ となる。これを式(A3.1)に代入すると，

$$
\left.
\begin{aligned}
N &\geq 10 \left(\frac{\lambda}{\lambda c}\right)^{-1} \\
\Delta x &\leq \frac{5\lambda c}{N}
\end{aligned}
\right\}
\tag{A3.2}
$$

が得られる。図A3.1 のように $\lambda/\lambda c = 10^{-2}$ までグラフ表示するには，式(A3.2)より $N \geq 1000$，$\Delta x \leq \lambda c/200$ でなければならない。もし，$\Delta x > \lambda c/200$ であれば振幅伝達率は単調減少曲線ではなく途中で増加に転じる。

※ 標本化定理によれば信号の最大周波数の 2 倍以上の周波数で標本化しなければならない。これを波長で考えると，標本化間隔 Δx は最小波長 λ の 1/2 以下の波長で標本化しなければならないことと等価である。これより $\Delta x \leq \lambda/2$ の条件が得られ，式(A3.1)に一致する。

2) ガウシアンフィルタと類似のスプラインフィルタのテンションパラメータ

図 A3.2 に示すように，テンションパラメータを小さくすると遮断特性は緩やかになる。通常の SF（$\beta=0$）の遮断特性はガウシアンフィルタ(GF)よりも急であ

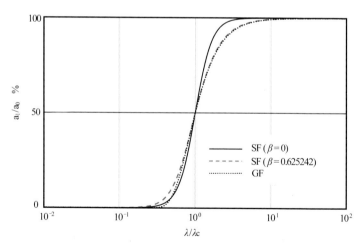

図 A3.2　ガウシアンフィルタと類似のスプラインフィルタ（$\beta=0.625242$）

るが，β をうまく調整することにより GF の振幅伝達特性に近づけることが可能である。ISO16610-22:2015 ではこの値を $\beta = 0.625242$ としている。λc より短波長領域では GF の振幅伝達特性と誤差があるが，λc より長波長領域では GF の振幅伝達特性とほぼ一致する。

図 A3.3 に GF と $\beta = 0.625242$ の SF との振幅伝達率の誤差を表示した。λc より短波長領域では GF の振幅伝達特性との誤差が 4.3% と大きかったが，λc より長波長領域では 0.7% と小さかった。SF（$\beta = 0$）にはエンド効果がないので有用であるものの，振幅伝達特性が GF の振幅伝達特性と大きく異なるという問題がある。そのような問題に対し，テンションパラメータが $\beta = 0.625242$ の SF は利用価値がある。ただ，式(4.14)や(4.15)に示した係数行列 $\boldsymbol{P}$ や $\widetilde{\boldsymbol{P}}$, $\boldsymbol{Q}$ や $\widetilde{\boldsymbol{Q}}$ の計算が入るため，$\beta = 0$ の SF よりは計算コストが大きくなる。また，似ているとはいえ，誤差 4.3% も無視できない。高次 SF は 19 次までの平滑化スプラインのカスケード接続で GF の振幅伝達特性とほぼ等しくなる。ただし，計算は容易ではなく計算コストも莫大である。

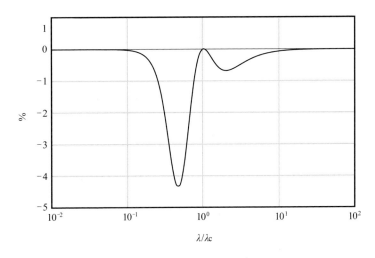

図 A3.3　GF と SF（$\beta = 0.625242$）の幅伝達特性の偏差（$\Delta x = \lambda$c /200）

付録B スプラインフィルタの重み関数式の検証

B.1 スプラインフィルタの重み関数式の検証

ISO16610-22 によると，テンションパラメータが $\beta=0$ で Δx が十分に小さいなら，SF の重み関数は式(4.29)で表現できる [16]。これを検証する。

$$s(x) \approx \frac{\pi}{\lambda c} \sin\left(\sqrt{2}\frac{\pi}{\lambda c}|x| + \frac{\pi}{4}\right) \exp\left(-\sqrt{2}\frac{\pi}{\lambda c}|x|\right) \tag{4.29}^{再掲}$$

式(4.28)に示す振幅伝達特性は SF の重み関数のフーリエ変換(FT)である。$\beta=0$ であるから，式(4.26)の振幅伝達特性が SF の重み関数の FT になる。従って，式(4.29)を FT して式(4.26)が得られることを示せばよい。

まず式(4.29)において，

$$A = \sqrt{2}\frac{\pi}{\lambda c} \tag{B1.1}$$

とおき，右辺＝左辺としたうえで次式を考える。

$$s(x) = \frac{A}{\sqrt{2}} \sin\left(A|x| + \frac{\pi}{4}\right) \exp(-A|x|) \tag{B1.2}$$

上式をフーリエ変換して $S(u)$ を計算する。

$$
\begin{aligned}
S(u) &= \frac{A}{\sqrt{2}} \int_{-\infty}^{+\infty} \sin\left(A|x| + \frac{\pi}{4}\right) \exp(-A|x|)\exp(-j2\pi xu)dx \\
&= \frac{A}{\sqrt{2}} \int_{-\infty}^{0} \sin\left(A|x| + \frac{\pi}{4}\right) \exp(-A|x| - j2\pi xu)dx \\
&\quad + \frac{A}{\sqrt{2}} \int_{0}^{+\infty} \sin\left(A|x| + \frac{\pi}{4}\right) \exp(-A|x| - j2\pi xu)dx \\
&= \frac{A}{\sqrt{2}} \int_{0}^{\infty} \sin\left(Ax + \frac{\pi}{4}\right) \exp(-Ax + j2\pi xu)dx \\
&\quad + \frac{A}{\sqrt{2}} \int_{0}^{\infty} \sin\left(Ax + \frac{\pi}{4}\right) \exp(-Ax - j2\pi xu)dx \\
&= \sqrt{2}A \int_{0}^{\infty} \sin\left(Ax + \frac{\pi}{4}\right) \exp(-Ax)\cos(2\pi xu)dx
\end{aligned}
$$

$$= A \int_0^\infty (\sin Ax + \cos Ax)\exp(-Ax)\cos(2\pi xu)dx$$

$$= \frac{A}{2} \int_0^\infty \exp(-Ax)\{\sin(A + 2\pi u)x + \sin(A - 2\pi u)x$$

$$+ \cos(A + 2\pi u)x$$

$$= \frac{A}{2}\left[\frac{\exp(-Ax)}{A^2 + (A + 2\pi u)^2}\{-A\sin(A + 2\pi u)x - (A + 2\pi u)\cos(A + 2\pi u)x\}\right.$$

$$+ \frac{\exp(-Ax)}{A^2 + (A - 2\pi u)^2}\{-A\sin(A - 2\pi u)x - (A - 2\pi u)\cos(A - 2\pi u)x\}$$

$$+ \frac{\exp(-Ax)}{A^2 + (A + 2\pi u)^2}\{-A\cos(A + 2\pi u)x + (A + 2\pi u)\sin(A + 2\pi u)x\}$$

$$\left. + \frac{\exp(-Ax)}{A^2 + (A - 2\pi u)^2}\{-A\cos(A - 2\pi u)x + (A - 2\pi u)\sin(A - 2\pi u)x\}\right]_0^{+\infty}$$

$$= \frac{A}{2}\left\{\frac{A + 2\pi u}{A^2 + (A + 2\pi u)^2} + \frac{A - 2\pi u}{A^2 + (A - 2\pi u)^2} + \frac{A}{A^2 + (A + 2\pi u)^2} + \frac{A}{A^2 + (A - 2\pi u)^2}\right\}$$

$$= A\left\{\frac{A + \pi u}{A^2 + (A + 2\pi u)^2} + \frac{A - \pi u}{A^2 + (A - 2\pi u)^2}\right\} = \left(1 + \frac{16\pi^4 u^4}{4A^4}\right)^{-1} \tag{B1.3}$$

上式に式(B1.1)を代入して次式になる。

$$S(u) = \left\{1 + \left(\frac{\pi u}{\pi u_c}\right)^4\right\}^{-1} \tag{B1.4}$$

Δx が十分に小さいなら，$\pi u = \pi \Delta x/\lambda \approx \sin(\pi \Delta x/\lambda) = \sin(\pi u)$ とできるので，上式より式(4.26)の近似式である次式が得られる。

$$S(u) \approx \left\{1 + \left(\frac{\sin \pi u}{\sin \pi u_c}\right)^4\right\}^{-1} \tag{B1.5}$$

言い換えると，$\beta=0$ で Δx が十分に小さいなら，スプラインフィルタの重み関数の近似式は式(4.29)で表現できる。

索 引

近藤　雄基（こんどう　ゆうき）

法政大学理工学部機械工学科助手を経て第一工科大学工学部情報電子システム工学科専任講師，博士（情報科学），専門は機械計測，画像処理，人工知能。精密工学会広報・情報部会広報委員。

沼田　宗敏（ぬまだ　むねとし）

中京大学工学部機械システム工学科教授，博士（工学），専門は機械計測。名古屋市科学館企画調査委員，名古屋市立大学非常勤講師，中京大学人工知能高等研究所副所長などを歴任。

吉田　一朗（よしだ　いちろう）

法政大学理工学部機械工学科教授，博士（工学）。専門は計測工学，データサイエンス，画像処理，表面性状・表面粗さ解析。ISO/TC213国内委員，日本代表エキスパート，JIS原案作成委員，精密工学会理事，会誌編集委員長。

表面性状用ローパスフィルタの数理

Mathematical Principles of Low-pass filter for surface texture

2023年3月25日　初版第1刷発行

著　　者　近藤雄基
　　　　　沼田宗敏
　　　　　吉田一朗
発行者　中田典昭
発行所　東京図書出版
発行発売　株式会社 リフレ出版
　　　　　〒112-0001　東京都文京区白山 5-4-1-2F
　　　　　電話 (03)6772-7906　FAX 0120-41-8080
印　　刷　株式会社 ブレイン

© Yuki Kondo, Munetoshi Numada, Ichiro Yoshida
ISBN978-4-86641-638-0 C3050
Printed in Japan 2023